Klemens Kalverkamp

# Die Erde geht uns alle an

Klemens Kalverkamp

# Die Erde geht uns alle an

## Warum gesunde Böden das Klima retten, deinen Körper heilen und die Welt gerechter machen

WILEY-VCH GmbH

**Bibliografische Information der Deutschen Nationalbibliothek**

Die Deutsche Nationalbibliothek verzeichnet diese Publikation in der Deutschen Nationalbibliografie; detaillierte bibliografische Daten sind im Internet über <http://dnb.d-nb.de> abrufbar.

**Print ISBN:** 978-3-527-51217-1
**ePub ISBN:** 978-3-527-85183-6

**Umschlaggestaltung:** Torge Stoffers
**Coverfoto:** maxbelchenko / stock.adobe.com
**Satz:** Straive, Chennai, India
**Druck und Bindung**

*Für*
*Margot, Felix, Angie, Gina, Lenard, Keno, Paul, Charlotte, Lars, Zoe, Mark und alle anderen Kinder dieser Erde.*
*Auf dass möglichst viele die fundamentale Bedeutung der Erde für die Erde erkennen mögen.*

# Inhalt

# Einleitung: Die Rettung der Erde ist die Erde

Wird die Klimakrise zur Klimakatastrophe, weil wir die Treibhausgase in der Atmosphäre nicht in den Griff bekommen? Werden wir angesichts des Schwunds an Mutterboden überall auf der Erde zukünftig noch in der Lage sein, acht bis zehn Milliarden Menschen zu ernähren? Könnten chronische Krankheiten weiter zunehmen und neue Pandemien um sich greifen? Gibt es überhaupt irgendeine Garantie für das Überleben der Spezies Mensch? Immer mehr Anzeichen deuten darauf hin, dass sich die Bedingungen für biologisches Leben auf der Erde innerhalb der kommenden Jahre dramatisch verschlechtern werden. Die Wissenschaft ist alarmiert. Es gibt auch nicht mehr viele Optimisten, die der Menschheit eine baldige Lösung für die Erhaltung ihrer Lebensgrundlagen zutrauen.

**Gesunde Böden sind der Schlüssel, um das Klima zu retten und Mangelernährung, Hunger und Kriege zu beenden.**

Dabei existiert längst eine im Grunde sehr einfache Lösung für die sich zuspitzende Krise. Dafür müssen wir uns lediglich auf die Kraft der Natur besinnen und diese konsequent nutzen. Wir können das Klima retten und mit denselben Maßnahmen auch noch Hunger, Mangelernährung und Kriege um Ressourcen beenden. Alle Menschen auf diesem Planeten hätten die Chance auf gute Gesundheit und echte Zufriedenheit. Der Schlüssel dazu sind gesunde Böden. Das klingt im ersten Moment fast zu einfach. Doch Pflanzen in gesunden Böden sind in der Lage, gigantische Mengen an Treibhausgasen aus der Atmosphäre zurückzuholen und dauerhaft im Erdreich zu speichern. Gleichzeitig liefern sie uns wertvolle Lebensmittel, die aufgrund ihres einzigartigen Nährstoffreichtums das Potenzial besitzen, den meisten unserer heutigen Krankheiten vorzubeugen.

Man könnte meinen, gesunde Böden seien selbstverständlich. Doch das waren sie nur so lange, wie der Boden vom Menschen unangetastet blieb. Seit rund 10 000 Jahren gibt es jetzt Landwirtschaft.

Genauso lange ignoriert die Landwirtschaft – bewusst oder unbewusst – grundlegende Prinzipien der Natur. Mit dem Ziel der kurzfristigen Ertragssteigerung bearbeitet sie Böden auf die falsche Art und Weise und so lange, bis sie degenerieren. Mehr als 20 Hochkulturen sind wegen massiver Bodenerosion und den daraus folgenden Hungersnöten bereits untergegangen. Auch für unsere Kultur wurde die Situation in der zweiten Hälfte des 20. Jahrhunderts dramatisch. Seit der Einführung der chemisch-industriellen Landwirtschaft sind weltweit etwa 50 Prozent des für den Ackerbau nötigen Mutterbodens vernichtet worden. 60 Prozent der Landmasse unserer Erde verwandeln sich derzeit in Wüsten. Im Jahr 2050 könnte nach einer Schätzung der Vereinten Nationen eine Milliarde Menschen auf der Flucht vor Wüstenbildung sein. Wenn wir so weitermachen wie bisher, wird unsere globale Industriegesellschaft trotz all ihrer Technologie die nächste untergehende Hochkultur sein. Mikrochips kann man schließlich nicht essen.

**Einer natürlichen, regenerativen und resilienten Wirtschaftsweise gehört die Zukunft.**

Doch zur Katastrophe müssen wir es nicht kommen lassen. Noch haben wir die Chance auf eine Lösung, sofern wir unser Denken und Handeln ändern. Dazu müssen wir als Erstes einsehen, dass wir es nicht besser können als die Natur. Wenn wir jetzt die Wende zu einer natürlichen, regenerativen und resilienten Wirtschaftsweise schaffen – nicht allein im Agrarsektor, sondern überall, wo natürliche Ressourcen eingesetzt werden –, kann eine einzigartige Kette der Gesundung in Gang kommen: gesunde Böden, gesundes Klima, gesunde Wasserkreisläufe, gesunde Pflanzen, gesunde Tiere, gesunde Menschen. Von dieser Großchance der Menschheit, zurück in die Spur einer alles Leben begünstigenden Evolution zu kommen, handelt das vorliegende Buch. Die hierin vorgestellten Lösungen sind keine Utopie, sondern werden von Vorreitern auf der ganzen Welt bereits empfohlen und teilweise in die Tat umgesetzt. Auch in Deutschland gibt es schon landwirtschaftliche Betriebe, die auf regenerative Verfahren setzen. Zudem existieren erste innovative Technologien in der Landtechnik, die eine *natürliche Landwirtschaft* unterstützen.

In diesem Buch behandele ich das Thema Bodengesundheit weder allein aus der Sicht der Pflanzenproduktion noch aus der meiner eigenen Branche, der Landtechnik. Vielmehr geht es mir um die historischen, biologischen, ökologischen, wirtschaftlichen und gesellschaftspolitischen Zusammenhänge rund um gesunde Böden, gesunde Nahrung und die Beherrschung des Klimawandels. Alle, die heute in Wirtschaft und Gesellschaft Verantwortung für die Zukunft übernehmen, sollten diesen Kontext kennen, um an konkreten Schritten zur Lösung mitwirken zu können. Einen besonderen Schwerpunkt des Buchs bildet der Zusammenhang zwischen Ernährung und Gesundheit. Zum großen Teil noch wenig bekannte Forschungsergebnisse lassen einen hier zu überraschenden Schlussfolgerungen kommen.

Schließlich geht es mir um die Frage, inwieweit unser heutiges Wirtschaftssystem und die Demokratie in ihrem aktuellen Zustand in der Lage sein werden, rechtzeitig Lösungen für die Regeneration der Natur und die Überwindung der Klimakrise auf den Weg zu bringen. Wer sich eine lebenswerte Zukunft wünscht, sollte sich auch für mehr echte Demokratie, globale Gerechtigkeit und die Überwindung einer ausschließlich auf Wachstum fixierten Wirtschaft einsetzen. Hierbei braucht es keine Verlierer zu geben. Es gibt Lösungen, bei denen alle Gewinner sein können. Ich nenne dies eine »All-win-Situation«. Dass diese möglich ist, war auch für mich überraschend und ist mittlerweile meine feste Überzeugung. Wenn wir die heutige Krise als Weckruf begreifen, haben wir die Chance, in einigen Jahren nicht nur wieder eine gesunde Natur zu haben, sondern auch erstmals eine »gesunde«, empathische Gesellschaft mit einem echten Miteinander und umfassender politischer Partizipation.

Mit diesem Buch lade ich alle ein, an der Transformation mitzuwirken: Beschäftigte in der Landwirtschaft, Führungskräfte in Unternehmen, politisch und zivilgesellschaftlich Aktive und nicht zuletzt auch einzelne Bürgerinnen und Bürger.

In diesem Sinn wünsche ich allen eine erkenntnisreiche und anregende Lektüre!

*Klemens Kalverkamp*

# 1 Leben

Unsere Erde hat einen Durchmesser von rund 12 000 Kilometern. Der Mutterboden, die fruchtbare Erde, auf der alles wächst und gedeiht, ist eine im Durchschnitt 20 bis 30 Zentimeter tiefe Schicht. Nur an sehr wenigen Stellen der Landfläche unserer Erde ist diese Schicht einige Meter dick. 30 Zentimeter entsprechen in etwa dem 40-millionsten Teil des Erddurchmessers. Von dieser dünnen Schicht hängt das Leben der Menschen auf unserem Planeten ab. Denn 95 Prozent unserer Nahrungsmittel stammen direkt oder indirekt aus dem Mutterboden. Verlieren wir durch einen rücksichtslosen Umgang mit der Natur das bisschen fruchtbaren Boden, den wir haben – oder auch nur die dem Boden innewohnende Lebendigkeit –, geht das Zeitalter des Menschen zu Ende.

**Ohne die 30 Zentimeter fruchtbaren Boden würde es die Erde weiterhin geben, aber uns Menschen nicht.**

Obwohl ich mich ein Leben lang mit Landwirtschaft und Landtechnik beschäftigt habe, wurde mir dieser Zusammenhang erst vor wenigen Jahren in seiner ganzen Tragweite bewusst. Es steht heute nicht weniger auf dem Spiel als das Ergebnis einer Evolution von Jahrmillionen. Auch ohne fruchtbaren Boden, ja selbst ohne uns Menschen würde es auf der Erde weiter Leben geben. Doch in der Natur strebt jede Art nach ihrer Erhaltung, so auch der Mensch. Wenn wir als Menschheit überleben wollen, sollten wir begreifen, warum die Evolution uns an den Punkt gebracht hat, an dem wir heute stehen. Wir sollten außerdem verstehen, was die fruchtbare Erdschicht braucht, damit wir noch über viele Generationen alles zum Leben Nötige von ihr bekommen. Dazu ist es nötig, anders zu denken und zu handeln als während der letzten 10 000 Jahre unserer Geschichte. Vor allem müssen wir endlich lernen, gemeinsam zu handeln. Der Mensch ist Teil der Natur.

## Die Evolution verstehen

Die ältesten Vertreter der Gattung Mensch lebten vor über zwei Millionen Jahren in kleinen Gruppen und ernährten sich von dem, was die Natur ihnen schenkte. Auch der Homo sapiens, den es nach neuesten Forschungsergebnissen seit etwa 300 000 Jahren gibt, machte es zunächst kaum anders als seine Vorfahren. Die Menschengruppen pflückten Früchte und gruben essbare Wurzeln aus, um sich zu ernähren. Ab und zu jagten sie auch einmal ein Tier, um dessen Fleisch über dem Feuer zu garen und anschließend zu verzehren. Es ist anzunehmen, dass jede Gruppe alles miteinander teilte, denn ein ausgeprägter Individualismus wäre dem Überleben nicht dienlich gewesen. Für einen solchen »Lebensstil« brauchte man nicht 40 oder 50 Stunden die Woche zu arbeiten, wie es in unserer heutigen Zivilisation üblich ist. Forscher schätzen, dass den Urmenschen wenige Stunden am Tag genügten, um alles zusammenzusuchen und zu verarbeiten, was sie zum Leben brauchten. Waren die Ressourcen einer Gegend verbraucht, zog eine Gruppe weiter. Sesshaft wurde der Homo sapiens erst einige hunderttausend Jahre später.

**Bereits die Urmenschen waren in der Lage, Teile ihrer natürlichen Umwelt zu zerstören.**

Die Evolution kennt keinen Stillstand. Wir können davon ausgehen, dass bereits die ersten Menschen unserer Gattung nach einer ständigen Optimierung ihrer Lebensverhältnisse strebten. Ihre aus unserer heutigen Sicht primitiven Werkzeuge und Behausungen wurden über die Jahrtausende immer ausgefeilter und raffinierter. Ab einem bestimmten Punkt war der Mensch dann leider auch in der Lage, größere Teile seiner natürlichen Umwelt zu zerstören, zum Beispiel durch Brandrodung. Mit der zunehmenden Beherrschung der Natur wuchs gleichzeitig auch die Intelligenz des Menschen. Einen Durchbruch bedeutete vor etwa 70 000 Jahren die Entwicklung der Sprache. Ab jetzt konnten die Menschen ihr Wissen in Form von Erzählungen teilen und damit von Generation zu Generation weitergeben und vermehren. Man nennt diesen Einschnitt in der Geschichte der Menschheit auch die kognitive Revolution.

Sie bildete die Basis für eine noch viel folgenreichere Umwälzung in unserer evolutionären Entwicklung: die landwirtschaftliche Revolution. Vor etwa 10 000 Jahren begannen unsere Vorfahren, in größeren Verbänden zu leben, Städte zu errichten und ihr Sozialleben hierarchisch zu organisieren. Die Basis dafür bildeten Erzählungen, die einer kleinen Elite die absolute Macht verliehen. Diese ersten Gesellschaften konnten sich nicht mehr allein von dem ernähren, was die Natur ihnen anbot. Die Menschen hatten jedoch inzwischen gelernt, Pflanzen anzubauen und Tiere zu züchten. Die Landwirtschaft war geboren und sicherte das Überleben immer größerer Völker und Reiche. Nur aufgrund der Landwirtschaft konnte die Bevölkerung auf unserem Planeten überhaupt exponentiell wachsen. Lebten zur Zeit der nicht sesshaften Jäger und Sammler höchstens eine Million Menschen auf der Erde, so sind es aktuell mehr als acht Milliarden.

**Der verheerende Fehler der alten Kulturen war es, keine Rücksicht auf die Bodengesundheit zu nehmen.**

Auf den ersten Blick erscheint dies wie eine ungetrübte Erfolgsgeschichte. Während meiner Schulzeit und in meinem Studium habe ich es auch nie anders gelernt. Heute weiß ich: In der Landwirtschaft machten bereits die Kulturen des Altertums den verheerenden Fehler, keine Rücksicht auf die Bodengesundheit zu nehmen. Ohne gesunde Böden können jedoch nirgendwo auf der Welt immer wieder gesunde Pflanzen nachwachsen. Die Menschen verstanden nicht, dass der Boden, die Pflanzen und Tiere und auch ihre eigenen Körper das Ergebnis einer Evolution über Millionen von Jahren waren und das Zusammenspiel zwischen den Akteuren auf einem empfindlichen Gleichgewicht beruhte. Um ihren Traum von mächtigen Reichen und faszinierenden Städten zu verwirklichen, setzten die Menschen jene 30 Zentimeter tiefe Schicht aufs Spiel, die allein ihr Überleben garantierte. Sie pflügten die Erde, um leichter säen zu können, und zerstörten damit ungewollt das Wunderwerk der Natur namens Boden. Untergehende Zivilisationen waren stets aufs Neue das Resultat. Babylon ist heute eine Ruinenstadt und die fruchtbaren Felder an Euphrat und Tigris sind schon vor langer Zeit zu Wüsten geworden. Insgesamt sind bisher mehr als 20 Zivilisationen an der Art und Weise zugrunde gegangen, wie sie Landwirtschaft betrieben und Nahrungsmittel erzeugten.

## Keine Kultur hatte die Bodenerosion auf dem Schirm

Seit 10 000 Jahren ist eine falsch betriebene Landwirtschaft die tickende Zeitbombe für das Überleben der Menschheit. Die Landwirtschaft ernährt heute zwar mehr Menschen als je zuvor, riskiert jedoch gleichzeitig die Zerstörung ihrer eigenen Grundlagen in einem ganz neuen Ausmaß. Wir Menschen waren so fasziniert von der Möglichkeit, immer größere Felder zu bestellen und immer mehr Tiere auf Weiden und in Ställen zu halten, statt sie mühsam jagen zu müssen, dass wir uns nie gefragt haben, wie die Natur es eigentlich anstellt, alles Leben zu erhalten und es gleichzeitig evolutionär weiterzuentwickeln. Als Ingenieur für Landtechnik habe auch ich mir diese Frage jahrzehntelang nicht gestellt. Wenn ich heute im Urlaub in den Dolomiten bin und sehe, wie selbst aus den winzigsten Felsritzen etwas wächst – obwohl man meinen könnte, da wäre nichts als Stein –, kommt es mir fast so vor, als nähme ich das Wunder des Lebens zum ersten Mal bewusst wahr.

**Erosion durch Wind und Wasser und Verlust der eigenen Lebendigkeit setzen dem Boden doppelt zu.**

Keine der alten Kulturen hatte die Bodenerosion als Bedrohung auf dem Schirm. Doch viele sind an ihr zugrunde gegangen – und nicht an militärischen Niederlagen. Als das Römische Reich unterging, wurde bereits zehnmal mehr Ackerland benötigt, um eine römische Familie zu ernähren, als zur Zeit seiner Hochblüte. Heute ist unsere globale Zivilisation erneut durch Bodenerosion in ihrem Fortbestand gefährdet. Was die Grundlage unseres

Lebens angeht, die fruchtbare Erde, haben wir seit dem Altertum wenig dazugelernt. Man muss hier wissen, dass es zwei Arten von Erosion gibt: Die erste ist das Abtragen des Mutterbodens durch Wind und Wasser, die zweite die Zerstörung des Lebens der Kleinlebewesen und Mikroorganismen in der fruchtbaren Erdschicht, vor allem durch das Pflügen. Indem die Landwirtschaft die Böden wochenlang unbedeckt lässt, setzt sie diese Wind und Wasser aus. Durch die Zerstörung der Lebendigkeit des Bodens vernichtet sie zusätzlich dessen Widerstandskraft und Regenerationsfähigkeit. Auch ist degenerierte Muttererde nicht in der Lage, wirklich gesunde Nahrung zu erzeugen.

Es ist bezeichnend, dass Charles Darwin, der Begründer der modernen Evolutionsforschung, sich in ausgiebigen Studien mit dem Boden und den in ihm enthaltenen Lebewesen befasst hat. Darwin erkannte die Bedeutung des Lebens *unter* der Erdoberfläche für das Leben *auf* ihr. Er sah bereits die Ganzheit der Evolution des Lebens, in der ein einzelner Teil sich nur im Zusammenspiel mit allen anderen Teilen weiterentwickeln kann. Leider reduzieren wir das Werk von Charles Darwin heute oft auf wenige seiner Aussagen. Diese werden zudem aus dem Zusammenhang gerissen, sodass sie missverständlich sind. So ordnet man das Prinzip des »survival of the fittest« bei Darwin nur dann richtig ein, wenn man weiß, dass Kooperation, nicht Konkurrenz für ihn das Grundprinzip der Evolution ist. Erst mehr als ein Jahrhundert nach Darwin ahnen wir die Konsequenzen dieser Beobachtung. Wir können nicht gegen die Natur überleben, sondern nur mit ihr und innerhalb ihrer evolutionären Prozesse. Wir Menschen stehen nicht außerhalb der Natur, sondern sind Teil von ihr und daher langfristig darauf angewiesen, mit allem zu kooperieren, was uns naturgemäß umgibt. Wir sind nicht einmal wirklich Individuen, sondern bestehen aus Billionen von Lebewesen, die in uns leben. Mehr dazu im achten Kapitel.

## Der blinde Fleck in der Evolution des menschlichen Geistes

Der technologische Fortschritt der Menschheit ist eindrucksvoll – die Schattenseite wird häufig übersehen.

Nun gibt es nicht allein die biologische Evolution, sondern spätestens seit der kognitiven Revolution vor rund 70 000 Jahren parallel dazu die kulturelle Evolution des Menschen. Diese Evolution des Geistes führt zu einer immer umfassenderen Intelligenz. Bereits Tiere und Pflanzen besitzen Intelligenz, doch bisher konnte sich allein die Intelligenz des Menschen so weit entwickeln, dass eine von uns erschaffene Künstliche Intelligenz nun kurz davor ist, die Intelligenz ihrer Erschaffer zu überholen. Ein wesentlicher Teil der kulturellen Evolution des Menschen besteht im rasanten Aufstieg der technologischen Intelligenz seit dem Beginn der industriellen Revolution, die nach der kognitiven und der landwirtschaftlichen Revolution den dritten epochalen Umbruch in der kulturellen Evolution der Menschheit markiert.

Auf den ersten Blick scheint die kulturelle Evolution des Menschen glücklich verlaufen zu sein. Unsere Lebenserwartung ist heute höher als je zuvor. Noch eindrucksvoller ist, wie stark die Kindersterblichkeit gerade in jüngerer Zeit zurückgegangen ist. Wir streben nach Bequemlichkeit und Luxus, was einem erheblichen Teil der Weltbevölkerung auch gelingt. Durch das Internet hat sich die Intelligenz vieler Einzelner bereits vernetzt. Bildung wird für alle erreichbar, wodurch spätestens gegen Ende dieses Jahrhunderts das exponentielle Wachstum der Weltbevölkerung gestoppt werden dürfte, da es einen direkten Zusammenhang zwischen höherer Bildung und Geburtenkontrolle gibt. Der technologische Fortschritt ist besonders seit dem 20. Jahrhundert rasant und beschert uns nie gekannte Möglichkeiten, den Planeten nach unseren Vorstellungen umzugestalten. Den Hunger auf der Welt haben wir noch nicht besiegt, doch wir scheinen selbst hier auf dem besten Weg zu sein: Starben zwischen 1920 und 1970 weltweit pro Jahrzehnt 529 von 100 000 Menschen durch Hungersnöte, so waren es in den 2000er-Jahren nur noch drei.

Die »Bodenkrise« könnte noch viel dramatischer werden als die Klimakrise, da sie unmittelbar unsere Ernährung gefährdet.

Die evolutionäre Entwicklung der Menschheit scheint also in die richtige Richtung zu gehen. Allerdings machen wir Menschen den fatalen Fehler, die natürlichen Grundlagen des Lebens nicht nur zu vernachlässigen, sondern weitgehend zu ignorieren. Fast alle der erfreulichen menschenfreundlichen Entwicklungen könnten sich deshalb während der nächsten Jahrzehnte in ihr Gegenteil verkehren. Die Klimakrise ist das erste unleugbare Symptom dafür, wie das menschliche Leben auf der Erde sich selbst die Grundlage entzieht. Die »Bodenkrise« könnte jedoch noch viel dramatischer werden, denn sie gefährdet unmittelbar unsere Ernährung. Heute sind bereits jedes Jahr 40 Millionen Menschen gezwungen, ihre Heimat zu verlassen, weil die Böden dort nicht länger fruchtbar sind. Die Vereinten Nationen schätzen, dass im Jahr 2050 eine Milliarde Menschen auf der Flucht vor Bodenerosion und Wüstenbildung sein könnten.

Selbst beim Erdöl, das wir innerhalb der letzten Jahrzehnte so großzügig verbraucht haben, machen sich die wenigsten bewusst, dass hinter dessen Entstehung dieselben biologischen Prozesse standen, die überall auf der Erde das Leben schenken und erhalten. Auch eine Plastiktüte gäbe es nicht ohne die Natur. 1,5 Milliarden Hektar landwirtschaftliche Fläche existieren heute auf der Welt. Doch kaum ein Landwirt beschäftigt sich während seiner Ausbildung jemals mit den biologischen Grundlagen des Bodenlebens. Die Beherrschung des Bodens und die Optimierung von Pflanzen- und Tierzucht stehen im Vordergrund. Wie lange lässt sich etwas beherrschen, dessen Prozesse man bis heute noch nicht vollends verstanden hat?

## Evolutionärer Sprung oder Untergang – wir haben die Wahl

Das Basisprinzip der Evolution ist die Weiterentwicklung zu immer höherer Intelligenz. Es gibt in der Evolution grundsätzlich keinen Stillstand und keinen Rückschritt. Allerdings kann der evolutionäre Prozess vorübergehend zurückgeworfen werden, wie in der Erdgeschichte etwa durch Meteoriteneinschläge geschehen. Uns Menschen droht aktuell, soweit wir es absehen können, keine Gefahr aus dem Weltall. Stattdessen herrscht der evolutionär bisher einmalige Zustand, dass eine einzelne Spezies aufgrund ihrer hoch entwickelten Intelligenz darüber entscheidet, wie es mit der Erde weitergeht. Da der evolutionäre Impuls immer in Richtung Entwicklung geht, dürfen wir hier neben dem Risiko auch die Chance in den Blick nehmen. Warum hat die Evolution uns überhaupt an den Rand der Selbstauslöschung gebracht? Eine plausible Erklärung könnte nach meiner Überzeugung die sein, dass wir eine nie dagewesene Chance zur Weiterentwicklung haben. Innerhalb der nächsten Jahrzehnte entscheidet sich möglicherweise, ob es der Menschheit gelingt, paradiesische Verhältnisse auf dem Planeten Erde zu schaffen, oder ob wir das Ende des Zeitalters der Menschen besiegeln.

**Wenn technologische Intelligenz die biologische überholt, könnten wir die Früchte bisher unvorstellbarer Innovationen genießen.**

Im ersten Fall erschaffen wir eine »neue alte« Erde mit einer intakten Natur, demokratischen Gesellschaften, die auf Gleichheit und Miteinander basieren, und einer Kreislaufwirtschaft, die alle mit dem versorgt, was sie täglich zum Leben brauchen. Wir machen die aktuelle Klimaveränderung rückgängig, indem wir das überschüssige Kohlenstoffdioxid aus der Atmosphäre zurückholen und in gesunden Böden binden. Wir nutzen Automatisierung, Robotisierung und Künstliche Intelligenz zum Wohle aller Menschen und nicht im Interesse einiger weniger. Wir hätten dann sogar die Chance, etwas zu erreichen, was Ray Kurzweil, Zukunftsforscher und langjähriger Chefingenieur bei Google, als »Singularität« bezeichnet: Wenn die technologische Intelligenz des Menschen dessen biologische Intelligenz überholt, wäre dies die letzte Erfindung der Menschheit. Alle weiteren Innovationen gingen dann von der Künstlichen Intelligenz aus und wir alle dürften die Früchte dieser Entwicklung genießen. Das jedoch nur, wenn wir es richtig machen.

Genauso gut kann es passieren, dass wir unseren Untergang besiegeln. Das Ende der Ernährungssicherheit tritt zwangsläufig ein, wenn wir so weitermachen wie bisher. Mit der heutigen Form der Landwirtschaft bleiben uns nach Prognosen der Vereinten Nationen weltweit nur noch etwas mehr als 50 Ernten. Neun oder zehn Milliarden Menschen, die um das letzte Essbare aus dem Boden kämpfen, möchte ich mir gar nicht erst vorstellen. Ob es gelingen kann, Teile der Menschheit zum Mars zu evakuieren, sodass diese dort auf Dauer in Kolonien überleben können, ist fraglich. Löscht sich die Menschheit tatsächlich aus, wird die Evolution auf der Erde sehr wahrscheinlich weitergehen und vielleicht in einigen Milliarden Jahren eine Spezies hervorgebracht haben, die sich an einem ähnlichen Scheideweg intelligenter entscheidet als wir.

**Wird die Menschheit sich für eine wieder »grüne« Erde oder für ihr langsames Aussterben entscheiden?**

»Grüne« Erde oder Untergang – noch dürfen wir uns aussuchen, welche der beiden Varianten uns lieber ist. Viel wird in den nächsten Jahren davon abhängen, ob es uns gelingt, als Weltgemeinschaft zu denken und zu handeln. Die digitale Technologie hat dafür alle nötigen Voraussetzungen geschaffen. Menschliche Intelligenz kann jetzt zunehmend die kollektive Intelligenz von Netzwerken sein. Evolutionsforscher sehen darin den nächsten Schritt. Doch nur wenn es gelingt, die Demokratie weltweit zu verbreiten, wird ein kollektives Denken und Handeln im Dienste aller Menschen möglich sein. Bleibt die Welt, wie sie heute ist, werden 500 bis 1000 Plutokraten sie weiterhin zum Spielball ihrer Gier und Machtinteressen machen.

Wenn wir die Evolution besser verstehen lernen und begreifen, dass wir Teil der Natur sind und es immer bleiben werden, wird die Sorge für gesunde Böden weltweit die wichtigste Einzelmaßnahme sein, um eine Katastrophe abzuwenden. Denn der Boden ist viel mehr als das, was wir in der Schule über ihn gelernt haben.

## Der Boden lebt

Meinen ersten wirklich intensiven Kontakt zum Boden hatte ich als Jugendlicher beim Vereinzeln von Pflanzen. Der landwirtschaftliche Betrieb meiner Eltern hatte zwar nur zehn Hektar, aber selbst dort gab es etliche unterschiedliche Böden. Wenn ich auf Knien durch die Saatreihen rutschte und dabei half, überschüssige Rübenpflanzen auszuzupfen – zwischen den Futterrüben mussten jeweils 25 Zentimeter Platz bleiben, damit sich jede einzelne Rübe möglichst gut entfalten konnte –, ging das bei den sandigen Böden ganz leicht. Bei den tonhaltigen Böden musste man hingegen aufpassen, nicht mit zwei jungen Pflänzchen versehentlich ein drittes und viertes mit auszureißen, weil alles aneinanderklebte. Auch bei der Kartoffelernte zeigte sich der Unterschied: Kartoffeln aus sandigen Böden kamen nahezu sauber ans Licht, während an denen aus den tonhaltigen Böden die Erde in Klumpen hing. Wie sich beide Arten von Böden zwischen den Fingern anfühlten, prägte sich mir tief ein. Jahre später, als Konstrukteur von Landmaschinen, machte ich mir weltweit die Hände schmutzig: Egal, wo ich war, ob in China, Brasilien, Russland, Australien oder Kanada, wühlte ich mit meinen Fingern in der Erde. Ohne das hätte ich meinen Job nicht machen können. Denn für uns Landmaschinenkonstrukteure war es stets die Frage, wie wir die unterschiedlich beschaffenen Böden technisch so aufbereiten können, dass sich ein optimales Saatbeet ergibt. Ich sah den Boden als bloßes Substrat für die Pflanzenproduktion. Diese Sichtweise teilte ich mit nahezu sämtlichen Kollegen.

**Kleinlebewesen und Mikroorgansimen machen den Mutterboden zu einem echten biologischen Wunderwerk.**

Natürlich war auch uns Ingenieuren immer klar, dass der Boden lebt. Nach den Regenwürmern mussten wir ja kaum graben, sondern stießen mehr oder weniger sofort darauf. Heute weiß ich, dass die Anzahl der Regenwürmer pro Quadratmeter sogar ein sicherer Indikator für die Bodengesundheit ist. Meine Kollegen und ich maßen den Kleinlebewesen im Boden jedoch keinerlei

Bedeutung bei. Erst recht ignorierten wir achselzuckend die für gesunde Böden so wichtigen Mikroorganismen, die mit dem bloßen Auge nicht erkennbar sind. Erst als ich vor etwa zehn Jahren begann, über die Pflanzenproduktion der Zukunft nachzudenken, änderte sich meine Sichtweise fundamental. Mir wurde bewusst, dass wir in der Landwirtschaft seit 10 000 Jahren versuchen, es besser zu machen als die Natur – und damit am Ende scheitern. Für die bestmögliche Pflanzenproduktion muss der Boden nämlich überhaupt nicht aufbereitet und optimiert werden. So voller Leben, wie die Evolution ihn über Jahrmillionen geschaffen hat, ist der Mutterboden ein biologisches Wunderwerk, das man kaum verbessern kann.

**In der konventionellen Landwirtschaft wird die wertvolle Erde allmählich zu Staub und Dreck.**

Folgendes Bild verdeutlicht das Bodenleben: Ein Hektar Land kann etwa zwei Kühe ernähren. Unter deren Hufen findet sich im natürlichen Mutterboden jedoch das Gewicht von 15 Kühen in Form von Kleinlebewesen. Hinzu kommen Milliarden von Mikroorganismen und Pilzen. Eine Handvoll gesunder Boden enthält mehr Mikroorganismen, als jemals Menschen auf der Erde gelebt haben. Die Natur erschafft eine solche Fülle nicht ohne Grund: Das Leben im Boden ist ein faszinierend ausbalanciertes ökologisches System, das eine entscheidende Rolle in den natürlichen Kreisläufen dieses Planeten spielt. Doch was machen wir Menschen mit unserer konventionellen Landwirtschaft? Wir zerstören das Leben im Mutterboden, bis die Erde am Ende tatsächlich nur noch Substrat ist. Substrat ist ein höflicher Ausdruck, man könnte auch von Staub und Dreck sprechen. Überall auf der Welt sieht man Landmaschinen über unbedeckte Böden fahren und riesige Staubwolken hinter sich herziehen. Diese Staubwolken sind das Erkennungsmerkmal eines Bodens, in dem kein Leben mehr ist.

Haben wir dem Boden einmal das Leben entzogen, setzen wir Unmengen von Kunstdünger und Pflanzenschutzmitteln ein, damit in diesem Substrat zumindest über einen begrenzten Zeitraum noch etwas wachsen kann. Natürlich zerstören Landwirte die Bodengesundheit nicht mit Absicht, sondern aufgrund falscher wirtschaftlicher Anreize und aus Unwissenheit über grundlegende biologische Zusammenhänge. Wobei die Hersteller von Düngemitteln, Pestiziden, Fungiziden und Herbiziden mittlerweile auch ein Interesse daran haben, ihr Geschäftsmodell zu erhalten. Ich selbst musste beim Thema Bodenleben während der vergangenen Jahre vollkommen umdenken. Erst nachdem ich die Veröffentlichungen von Wissenschaftlern wie der Australierin Christine Jones oder der US-Amerikaner David Montgomery und Anne Biklé gelesen hatte, wurde mir klar, wie viel wir in der Landwirtschaft seit Jahrtausenden grundsätzlich falsch machen.

## Kohlenstoff ist die Basis allen Lebens auf der Erde

Selbstverständlich waren nicht alle in der Vergangenheit unwissend oder haben alles falsch gemacht. Mein Vater zum Beispiel säte schon vor 60 Jahren stickstoffsammelnde Pflanzen zwischen die Saatreihen. Für das Konzept der Permakultur erhielt der Australier Bill Mollison bereits im Jahr 1981 den Alternativen Nobelpreis. Doch erst seit wenigen Jahren setzt sich in der wissenschaftlichen Community – und zunehmend auch unter den Top-Entscheidern großer Player der Lebensmittelbranche – die Erkenntnis durch, wie wichtig Bodengesundheit nicht allein für eine gesicherte Pflanzenproduktion ist, sondern auch für das Klima und die Qualität der Nahrungsmittel. Um zu verstehen, worum es bei gesunden Böden überhaupt geht, muss man sich biochemische Zusammenhänge klarmachen, die noch vor wenigen Jahren selbst von Teilen der Wissenschaft in ihrer Bedeutung verkannt wurden. Sogar die meisten diplomierten Agrarwissenschaftler und Agraringenieure haben während ihres Studiums das Thema Bodenleben nur gestreift. Dabei erkannte Charles Darwin schon vor 150 Jahren die Bedeutung des Bodenlebens für die Bildung und den Erhalt des Mutterbodens und beschrieb diesen Prozess ausführlich.

**Der Treibhauseffekt hat zu dem Missverständnis geführt, Kohlenstoff sei schädlich. Das Gegenteil ist richtig.**

Keine andere chemische Verbindung ist seit Jahren so sehr Teil der politischen Diskussion wie Kohlenstoffdioxid, meist kurz Kohlendioxid genannt, abgekürzt $CO_2$. Kohlendioxid, eine gasförmige Verbindung aus Kohlenstoff und Sauerstoff, ist farblos, geruchlos, wasserlöslich, nicht brennbar und ungiftig. Gemeinsam mit Stickstoff, Sauerstoff und den sogenannten Edelgasen ist $CO_2$ ein natürlicher Bestandteil der Erdatmosphäre. Sein Anteil an unserer Atemluft ist mit etwa 0,04 Prozent sehr gering. Allerdings führt der Anstieg von $CO_2$ in der Atmosphäre durch Emissionen zum sogenannten Treibhauseffekt. Kohlendioxid ist damit nachweislich eine der Hauptursachen für die Klimakrise. Diese vom Menschen gemachte Entwicklung hat nun zu dem verbreiteten Missverständnis geführt, Kohlendioxid oder überhaupt Kohlenstoff sei etwas Schädliches. Das genaue Gegenteil ist der Fall: Kohlenstoff, auch Carbon genannt, das chemische Element mit dem Symbol C, ist die Basis sämtlichen Lebens auf der Erde.

**Pflanzen holen ihren Kohlenstoff aus der Luft, doch auch das Bodenleben basiert auf dem Transport von Kohlenstoff.**

Alles, was auf unserem Planeten wächst und gedeiht, braucht dazu Kohlenstoff. Dieses Element ist sozusagen der Treibstoff der Natur. Auch jeder Mensch besteht zu 16 Prozent aus Kohlenstoff. Ohne Kohlenstoff hätten wir keine Knochen, keine Haut und keine Organe. Wenn wir vom Kind über den Jugendlichen zum Erwachsenen heranwachsen, holen wir uns den dazu nötigen Kohlenstoff letztlich aus den Pflanzen, auf denen unsere Ernährung basiert. Essen wir Fleisch oder Fisch, so stammt das enthaltene Carbon trotzdem meist aus Pflanzen, denn Gras beziehungsweise pflanzliches Plankton steht bei den Tieren am Anfang der Nahrungskette. Die Pflanzen wiederum holen den Kohlenstoff mithilfe von Licht und Wasser aus dem $CO_2$ der Luft. Dieser Prozess heißt Photosynthese und steht in den Lehrplänen unserer Schulen. Vergessen wird jedoch stets der Boden. Auch das Bodenleben basiert auf dem Transport von Kohlenstoff. Über die Wurzeln der im Boden siedelnden Pflanzen werden nicht nur die Kleinlebewesen, sondern vor allem auch die Mikroorganismen mit

Kohlenstoff versorgt. Im Zusammenspiel von Wurzeln und Mikroorganismen können unter anderem Gesteinsminerale in fruchtbaren Mutterboden verwandelt werden. Das ist der sogenannte Liquid Carbon Passway, zu dem die bereits erwähnte Christine Jones in den letzten Jahren intensiv geforscht hat.

## Gesunde Böden nehmen problemlos große Regenmengen auf

**Der Boden ist ein gigantischer Kohlenstoff-Speicher. Die Pflanzen transportieren $CO_2$ von der Luft in die Erde.**

Was tun lebendige Böden biochemisch gesehen? Erstens ermöglichen sie den Pflanzen ein gesundes Wachstum durch die Photosynthese. Zweitens können sich lebendige Böden aus sich selbst heraus regenerieren, indem die in ihnen enthaltenen Mikroorganismen buchstäblich Stein zu Erde machen. Drittens ist gesunder Boden in der Lage, der Luft große Mengen an $CO_2$ zu entziehen und es dauerhaft zu speichern. Wenn Pflanzen Sonnenlicht als Energiequelle nutzen, um $CO_2$ aus der Atmosphäre zu holen und es in Kohlenstoff zu verwandeln, verbrauchen sie diesen »Treibstoff« anschließend nur zu etwa 60 Prozent. Die restlichen 40 Prozent geben sie über ihre Wurzeln an den Boden ab. Der Boden – unsere Erde – ist ein gigantischer $CO_2$-Speicher! Manchmal kommt es mir so vor, als hätte die Menschheit das vergessen. Stattdessen versucht sie verzweifelt, das $CO_2$ aus der Luft zu ziehen und in Hochseespeichern zu lagern. Dabei ginge alles so viel einfacher: Würden wir Bodenerosion und Wüstenbildung auf der Erde stoppen, indem wir eine ausreichende Menge an Regionen mit heute toten Böden neu begrünen – womit man übrigens in China seit den 1990er-Jahren begonnen hat –, würde dadurch das überschüssige $CO_2$ vollständig aus der Atmosphäre geholt und der Klimawandel rückgängig gemacht. Dies ist ein eigenes Thema, auf das ich im Kapitel über das Klima zurückkommen werde.

Das Bodenleben ist derart komplex und vielfältig, dass ich hier nur kurze Einblicke geben kann. Herausgreifen möchte ich noch eine weitere Frage: Wie sorgt die Natur dafür, dass Regenwasser stets gut versickern und sich verteilen kann? Zunächst einmal sind auch hier biochemische Prozesse im Spiel. Die Pflanzen geben ihren nicht benötigten Kohlenstoff über ihre Wurzeln an die Mikroorganismen im Boden ab und erhalten von diesen im Gegenzug mineralische Nährstoffe, die aus dem Gestein gewonnen werden. Während dieses Prozesses erzeugen die Mikroorganismen winzige Gänge und Hohlräume im Boden, durch die sich Luft und Wasser bewegen können. Gleichzeitig kommen hier jetzt auch die Kleinlebewesen ins Spiel. Die Regenwürmer machen den ganzen Tag nichts anderes, als den Boden auf natürliche Weise umzugraben und aufzulockern. Dabei hinterlassen sie Gänge, durch die Regenwasser versickern kann.

**Wo Regenwürmer genügend Gänge gegraben haben, kommt es auch nach Starkregen nicht zu Überflutungen.**

Das Ergebnis hat erhebliche Konsequenzen für die Landwirtschaft wie überhaupt unsere Zivilisation. Ein Sommergewitter mit Starkregen kann einem lebendigen Boden nicht viel anhaben. Gesunder Boden ist so sehr von Gängen und Hohlräumen durchdrungen, dass er auch sehr große Regenmengen problemlos aufnimmt. Die gepflügten, chemisch überdüngten, oft monatelang unbedeckten und deshalb irgendwann toten Böden der konventionellen Landwirtschaft sind hingegen so kompakt und verdichtet, dass es bereits durch ein einzelnes Starkregenereignis zu Erosion kommt. Der Boden kann so viel Wasser in kurzer Zeit nicht aufnehmen. Das Wasser fließt also oberflächlich ab und schwemmt als braune Brühe große Teile des Mutterbodens weg. Wir kennen solche Bilder und halten diese Form der Erosion vielleicht sogar für natürlich. Das ist sie nicht. Wir sind sie lediglich gewohnt, weil unsere Böden tot sind.

Dramatisch kann die Situation werden, wenn es infolge des Klimawandels zu ausgedehnten Regenfällen über viele Stunden oder sogar Tage kommt, etwa durch langsam ziehende Tiefdruckgebiete im Hochsommer. Eine Folge sind häufige Flutkatastrophen.

Mit gesunden Böden erlebten wir solche Katastrophen vermutlich überhaupt nicht und ganz sicher nicht in diesem Ausmaß. Es ist insofern keine Übertreibung, festzustellen, dass der Verlust der Bodengesundheit auch bei uns in Deutschland bereits mitursächlich für viele Tote und Verletzte sowie Sachschäden in Milliardenhöhe war.

## Die riesige Chance für eine ökologische Trendwende

Heute fasse ich immer noch oft mit den bloßen Fingern in die Erde, sobald ich irgendwo auf der Welt in einer Region unterwegs bin, wo Landwirtschaft betrieben wird. Ich tue dies jedoch nicht länger nur, um festzustellen, wie sandig oder tonhaltig der Boden ist und was Landmaschinen leisten müssten, um ihn im konventionellen Verständnis zu bearbeiten. Mich interessiert heute, wie gesund und lebendig ein Boden ist. Im letzten Jahr zum Beispiel war ich mit Kollegen aus unserem Unternehmen in Brasilien. In einem geliehenen Offroader fuhren wir über gigantische Farmen. Mitten auf einem Feldweg ließ ich den Wagen anhalten, stieg aus und grub mit meinem Klappspaten ein kleines Loch in den Boden. Ich war auf der Suche nach Regenwürmern und anderen Merkmalen für Bodengesundheit. Mittlerweile kenne ich die Eigenschaften lebendiger Böden und kann sie von toten Böden so leicht unterscheiden wie früher sandige von tonhaltigen Böden. Gesunden Boden kann man sogar riechen, er hat einen ganz eigenen Duft.

Gemessen an der schieren Größe der Farm war es erstaunlich, wie schnell ein Geländewagen mit Angehörigen des Betriebs angerauscht kam und neben unserem Fahrzeug parkte. Zwei Männer stiegen aus und leisteten uns Gesellschaft. Sie blickten streng und wollten verständlicherweise wissen, was wir hier taten. Ich erzählte, von welchem Unternehmen aus Deutschland wir waren und dass uns hier gerade interessierte, wie gesund der Boden war.

Da hellten sich die Mienen der Männer auf und ein Lächeln erschien in ihren Gesichtern. Sie kannten nicht nur unsere Firma, sondern sie wussten auch genau, wonach wir suchten. Fast eine Stunde lang standen wir mit den Brasilianern in der prallen Sonne und diskutierten leidenschaftlich über Bodengesundheit. Am Ende luden sie uns sogar zum Mittagessen auf ihre Farm ein.

**Das Thema Bodengesundheit ist in der Landwirtschaft angekommen. Jetzt müssen der Erkenntnis auch Taten folgen.**

Noch vor 10 bis 15 Jahren griff kaum eine landwirtschaftliche Fachzeitschrift Themen wie Bodengesundheit, Mikroorganismen im Boden oder biochemische Prozesse rund um den Transport von Kohlenstoff auf. Jetzt, Mitte der 2020er-Jahre, ist es schwer, überhaupt noch eine Ausgabe eines Fachmagazins zu finden, in dem diese Themen nicht vorkommen. Dabei ist es egal, ob die Zeitschrift in Deutschland, den USA oder Brasilien erscheint. Das Thema Bodengesundheit ist weltweit in der landwirtschaftlichen Community angekommen. Allerdings bedeutet die Diskussion über Bodengesundheit noch nicht, dass es in der Breite schon zu einer Trendwende hin zu einer natürlicheren Form der Landwirtschaft gekommen wäre. In den USA zum Beispiel werden heute erst unter fünf Prozent der Farmen mit dem Ziel gesunder Böden bewirtschaftet. Noch weiter sind wir davon entfernt, in unseren Demokratien ein breites politisches Bewusstsein für die Bedeutung gesunder Böden zu entwickeln. Auch gibt es in der Politik bisher kaum Anzeichen für eine Förderung von Bodengesundheit. Die meisten Politiker haben das für das Überleben der Menschheit vielleicht wichtigste Thema anscheinend noch gar nicht auf dem Schirm.

**Die Wissenschaft hat in den letzten Jahren aufgedeckt, was auf unserem Planeten alles von gesunden Böden abhängt.**

Als Ingenieur und Erfinder habe ich mich ein Leben lang für technische Innovationen begeistert und weltweit unzählige Messen besucht, um die neuesten Erkenntnisse aufzusaugen. Heute hat sich die CES in Las Vegas zur globalen Leitmesse für Automatisierung, Robotisierung und Künstliche Intelligenz entwickelt. Man sollte sie besuchen, wenn man auf der Höhe der Zeit bleiben will. Wenn ich in den USA bin, mache ich auch gerne einen Abstecher zu den Start-ups in und um San Francisco. Bei aller Faszination für Technologie muss ich gestehen, dass mich während der letzten Jahre nichts mehr gepackt hat als die Entdeckung der natürlichen Lebendigkeit der Böden und deren Bedeutung für die ökologischen Systeme unserer Erde. Es war für mich wie bei einem Thriller mitzuerleben, wie die Wissenschaft aufdeckte, was auf unserem Planeten alles von gesunden Böden abhängt und welche riesige Chance für eine ökologische Trendwende darin besteht, abgestorbene Böden wieder lebendig zu machen. Ich teile den Optimismus vieler Forscher, dass die Wende in den nächsten Jahrzehnten zu erreichen ist, wenn wir jetzt anfangen zu handeln. Schließlich haben wir es in Deutschland auch geschafft, wieder saubere Gewässer zu haben. Der Rhein oder die Emscher sind keine Kloaken mehr wie noch vor 40 oder 50 Jahren. Warum soll das, was beim Wasser gelungen ist, beim Boden nicht auch gelingen?

## Im Kreislauf des Lebens

Bei der ersten Beerdigung, an die ich mich erinnern kann, war ich sechs oder sieben Jahre alt. Es war tiefster Winter und auf dem Friedhof lagen etliche Zentimeter Schnee, als die Prozession dem Sarg meines Opas folgte. Hinter dem katholischen Priester schritten wir alle langsam zum offenen Grab. Später als Messdiener habe ich dann immer wieder bei Beerdigungen von Verstorbenen aus der Gemeinde mitgewirkt. Nachdem der Sarg langsam in das Grab gesenkt worden war, nahm der Priester jedes Mal mit einer kleinen Schaufel etwas Erde, warf sie auf den Sargdeckel und sprach dabei die Worte: »Von der Erde bist du genommen und zur Erde kehrst du zurück.« Als kleiner Junge und selbst noch als Messdiener konnte ich mit diesen Worten nichts anfangen. Heute bin ich in einem Alter, in dem erste Freunde und Bekannte versterben. Ich verstehe diese Worte jetzt als einen Hinweis auf den natürlichen Kreislauf des Lebens. Erst seit ich vor einigen Jahren verstanden habe, dass das Mikrobiom der Erde und das meines Körpers identisch sind, ist mir voll bewusst geworden, wie sehr tatsächlich die Erde, also unser Boden, ein Teil dieses Kreislaufs ist. Wie viele andere Menschen, die mit Landwirtschaft und Landtechnik zu tun haben, beschäftigte ich mich früher ausschließlich mit dem, was in der Erde und auf ihr wächst. Tatsächlich steckt jedoch in der Erde selbst schon der ganze Mikrokosmos des Lebens.

**Der Boden ist Teil des Kreislaufs des Lebens. Pflanzen und Mikroorganismen bilden den Mutterboden immer wieder neu.**

Wir stammen nicht nur symbolisch, sondern buchstäblich aus der Erde und kehren nach unserem Tod – zumindest bei der traditionellen Erdbestattung – durch Verwesung zu ihr zurück. Doch nicht allein uns Menschen betrifft das, sondern sämtliche Pflanzen und Tiere. Sonne, Luft und Wasser erzeugen die Nahrung für alles Lebendige auf den fünf Kontinenten. Der Samen einer Blume zum Beispiel fällt auf den Boden, bildet dort unter für ihn optimalen Bedingungen eine neue Pflanze, die aufblüht und dann ihren Samen wiederum an die Umwelt abgibt. Schließlich verwelkt jede einzelne Blume und führt ihre Energie in Form organischer Masse dem Boden zurück. Wir dürfen dabei nicht übersehen, dass der Boden selbst ein Teil des Kreislaufes ist. Mikroorganismen bilden im Zusammenspiel mit den Pflanzen den Mutterboden immer wieder neu. Sogar die Steine, Felsen und Gebirge unterliegen dem Kreislauf des Werdens und Vergehens. Gesteinsmassen kommen uns allein deshalb unzerstörbar vor, weil ihre Zyklen Jahrtausende oder Jahrmillionen dauern. Auch unser gesamter Planet wird in einigen Milliarden Jahren untergehen und seine Energie an unsere Galaxie zurückgeben. Die Tatsache des Untergangs der Erde ist wissenschaftlich unumstritten; fraglich sind nur der Zeitpunkt und die genauen Umstände.

**Evolution heißt Entwicklung im ständigen Werden und Vergehen. Lineares Wachstum kennt die Natur nicht.**

Alles Leben entfaltet sich in Kreisläufen. Aufs Ganze gesehen ist dabei die Spirale das Muster des Prozesses der Evolution. Wenn wir ein Schneckenhaus in die Hand nehmen, erkennen wir im

Kleinen das Prinzip evolutionären Wachstums. Im Großen findet sich diese Struktur in unserer Galaxis, denn bei der Milchstraße handelt es sich um eine Spiralgalaxie. Die Spirale ist sozusagen ein Kreislauf mit einer Entwicklungsrichtung. Während in der Natur einzelne Teile werden und vergehen, entwickelt sich stets das größere Ganze evolutionär weiter. Seit der Antike, spätestens dem Beginn der Neuzeit haben wir Menschen jedoch ein anderes Modell im Kopf: Entwicklung als geradlinige Steigerung. Heraus kommt bei dieser Denkweise die Erfolgs- oder auch Wachstumskurve. Moderne Menschen denken nicht zyklisch, sondern linear. Damit unterscheiden sie sich von indigenen Völkern, die ein zyklisches Weltbild haben. Durch lineares Denken hat sich unsere kollektive menschliche Intelligenz von der Natur weit entfernt. Unser Glaube an lineares Wachstum hat in letzter Konsequenz sogar zu einer ausbeuterischen Mentalität gegenüber der Natur geführt. Als Menschheit werden wir nur überleben, wenn wir die Prinzipien des Lebens zu verstehen lernen und unsere Wirtschaft, unsere Politik und unser Zusammenleben an diesen Prinzipien ausrichten. Entweder die Menschen passen sich mehr den Kreisläufen der Natur an – oder die Natur wird sich der Menschheit entledigen. Wie die Toten Hosen in einem ihrer Songs über uns Menschen singen: »Wir sind 'ne Laune der Natur.«

## Wirtschaft in Kreisläufen nach dem Vorbild der Natur

**Kompostierung sorgt dafür, dass Pflanzen- und Lebensmittelreste auf die Felder kommen und Wertvolles in den Böden landet.**

Vor 50 Jahren gab es am Rande jeder deutschen Großstadt gigantische Müllhalden. Ich erinnere mich noch an meinen ersten Besuch in Köln, da war ich noch ein junger Mann. Auf dem Weg in das Stadtzentrum fuhren wir an einer solchen riesigen Deponie vorbei. Nicht einmal zwei Generationen später sind die Müllhalden aus Deutschland verschwunden. Wir haben uns inzwischen auf den Weg in eine Recyclingwirtschaft gemacht. Handys, Batterien und alle möglichen Elektrogeräte werden schon fast vollständig recycelt. Die Recyclingfähigkeit ist heute überall in der Wirtschaft eine Vorgabe in der Produktentwicklung. Beim Recycling von Plastikmüll geben wir uns Mühe, mit Luft nach oben. Moderne Sortieranlagen können auch beim Restmüll verwertbare Stoffe immer besser trennen. Ein wichtiger Teilaspekt ist hierbei die Kompostierung. Sie sorgt dafür, dass Pflanzen- und Lebensmittelreste am Ende wieder auf den Feldern und damit in den Böden landen. Selbst wenn Deutschland weltweit nicht zu den Vorreitern zählt, haben wir innerhalb der letzten Jahrzehnte auch hierzulande immer besser verstanden, worauf es ankommt, um in sinnvollen Kreisläufen zu wirtschaften.

Biogasanlagen wurden noch vor 25 Jahren mit Mais und anderen frisch geernteten Pflanzen betrieben. Heute weiß man, dass dies ein Irrweg war. In einem intelligenteren Kreislauf kommt das, was durch den Menschen- oder Tiermagen gegangen ist, zunächst in die Biogasanlage. Erst wenn diesem organischen Material dort noch einmal Energie entzogen wurde, geht es in die Kompostierung. Als Kompost kommt es dann auf den Acker, um sich wieder mit dem Boden zu verbinden und den Kreislauf zu schließen. In der Nähe meines Wohnortes in Niedersachsen gibt es einen Hersteller von Biogasanlagen, der vor 25 Jahren gegründet wurde und später, nach dem Ende des Hypes um das Biogas, einige Jahre lang vor sich hindümpelte. Vor Kurzem las ich in der Zeitung, dass dieses Unternehmen nun für 600 Millionen Euro an einen großen Investor verkauft wurde. Längst investieren nicht nur grüne Fonds in eine Kreislaufwirtschaft, sondern auch das internationale Investitionskapital fließt dorthin. Die Kapitalströme sind ein untrügliches Zeichen dafür, dass ein Umdenken eingesetzt hat.

**In San Francisco werden heute bereits 90 Prozent des Mülls recycelt. In naher Zukunft sollen es 100 Prozent sein.**

Wahrscheinlich ist keine andere Stadt der Welt bei Recycling und Kompostierung weiter als die kalifornische Metropole San Francisco, die ich bei meinen Reisen zu innovativen Unternehmen oft besuche. Die Stadtverwaltung hat hier während der vergangenen Jahre große Summen in die nötige Infrastruktur investiert.

Aktuell werden über 90 Prozent des Mülls von San Francisco recycelt. Der Rest landet auf Deponien. Im Zuge ihrer sogenannten Zero-Waste-Politik will die Stadt innerhalb der nächsten Jahre komplett frei von Restmüll werden und den gesamten Abfall der Stadt in Kreisläufe zurückführen. Heute schon finden sich selbst im kleinsten Coffeeshop oder Schnellimbiss eigene Sammelbehälter für Essensreste, die von der Bevölkerung auch rege genutzt werden. Mehr als 700 Tonnen Lebensmittelreste und Grünschnitt sammelt die Stadt täglich ein. Der Kompost kommt am Ende auf Felder in der Region. Auch bei den Privathaushalten geht die Stadtverwaltung neue Wege: Die Müllwagen erfassen, wie viel Restmüll sich in einer Mülltonne befindet. Während unsere deutschen Städte immer wieder pauschal die Abfallgebühren erhöhen, zahlt ein Haushalt in San Francisco nichts für die Müllabfuhr, wenn die Restmülltonne leer bleibt.

Kompostierung bildet die natürliche Zersetzung organischen Materials ab, wie sie in Wäldern seit Jahrmillionen stattfindet. Das im Herbst gefallene Laub wird von Pilzen und Bakterien im Bereich der Baumwurzeln in neuen Mutterboden verwandelt. Wenn wir heute Kompost auf Felder ausbringen, schonen wir damit nicht nur Ressourcen, sondern tragen auch zur Bodengesundheit bei und stimulieren das Bodenleben und Pflanzenwachstum auf natürliche Weise. Ein weiterer nötiger Schritt besteht jetzt darin, dass wir mehr »kreislauffreundliche« Lebensmittel konsumieren, also häufiger pflanzliche Produkte – und seltener Fleisch.

## Noch ist es nicht zu spät für eine fundamentale Wende

**In einer nachhaltigen Kreislaufökonomie können auch zehn Milliarden Menschen auf der Erde leben und satt werden.**

Recyclingfähigkeit hat innerhalb weniger Jahrzehnte den Mainstream von Industrie und Handel erreicht. Selbst in China. Jetzt steht der nächste konsequente Schritt an: die Ausrichtung unseres gesamten Wirtschaftens an natürlichen Kreisläufen. Mit einer ökologisch nachhaltigen Kreislaufökonomie wird die Erde auch den Peak der Weltbevölkerung von schätzungsweise 10,4 Milliarden Menschen verkraften, den die Vereinten Nationen um das Jahr 2080 erwarten. Die Entscheidungsträger an den Spitzen vieler Großunternehmen wissen längst, dass wir zu einer Kreislaufwirtschaft kommen müssen und auch können. Ein wesentlicher Baustein dieser neuen Art des Wirtschaftens ist eine natürliche Landwirtschaft, die von innovativer Technologie unterstützt wird. Es ist an der Zeit, unsere gesamten Herstellungsprozesse zu überprüfen und zukünftig nur noch das zu produzieren, was in Kreisläufe zurückgeführt werden kann, sobald es das Ende der Nutzungsdauer erreicht hat. Komplexe Produkte wie Fahrzeuge, Maschinen oder Industrieanlagen werden demnächst noch viel mehr als heute kreislauffähig gemacht werden.

Um dieses Ziel erreichen zu können, sollten wir einen Denkfehler korrigieren, der sich in unserer Zivilisation seit dem Altertum eingeschlichen hat und sich seit dem Beginn der Neuzeit zunehmend schädlich auswirkt: Es gilt, das lineare Denken hinter uns zu lassen und zu einer zyklischen Denkweise zurückzukehren, wie sie auch den Urvölkern zu eigen war, die mehr im Einklang mit der Natur und ihren vorgegebenen Rhythmen lebten als wir. Obwohl der »Club of Rome« bereits vor 50 Jahren die Grenzen des Wachstums aufgezeigt und eine Wende in unserer Art zu wirtschaften angemahnt hatte, ist Wachstum bis heute der Maßstab sowohl des mikroökonomischen als auch des makroökonomischen Erfolgs geblieben. Die Anhänger eines grenzenlosen Wachstums berufen sich sogar häufig auf die Natur. Sie sagen, alles in der Natur strebe immer nur nach Wachstum und Ausdehnung, von den Pflanzen über die Millionen von Tierarten bis hin eben zu uns Menschen. Wer so argumentiert, betrachtet den Kreislauf des Lebens nur im Ausschnitt der Expansion und unterschlägt den Teil, in dem alles wieder stirbt und vergeht. Wir müssen stets den gesamten Kreislauf sehen.

**Die Natur ist hochintelligent und arbeitet für uns – sofern wir ihr genügend Gelegenheit zur Regeneration geben.**

Kreislaufwirtschaft oder Nullwachstum klingt für manche wie Stillstand. Auch um dieses Missverständnis auszuräumen, ist es so wichtig, die Evolution zu verstehen. Die Erde macht uns seit Jahrmillionen vor, wie es möglich ist, sich in nachhaltigen, die Grundlagen des Lebens erhaltenden Kreisläufen weiterzuentwickeln. Wir dagegen glauben, Ausdehnung sei ohne Regeneration zu haben. Dabei droht bereits dem menschlichen Körper ohne Schlaf nach relativ kurzer Zeit der Tod. Bisher ist es noch keinem Menschen gelungen, länger als elf Tage am Stück wach zu bleiben. Derselbe Mensch stellt sich dann aber eine Wirtschaft vor, in der Ressourcen unbegrenzt beansprucht werden und keine Zeit bekommen, sich zu regenerieren. Beim Umgang mit der fruchtbaren Erde auf unserem Planeten nehmen wir jetzt bereits 10 000 Jahre lang zu wenig Rücksicht auf Regeneration und zahlen dafür einen immer höheren Preis. Wir müssen endlich verstehen, dass wir nicht besser wirtschaften können als die Natur mit ihren Kreisläufen. Mehr noch, wir sollten von der Natur lernen und uns ihre Intelligenz zunutze machen. Wenn sich nach einer Ölpest flächendeckend Mikroorganismen vermehren, die in der Lage sind, den Ölteppich abzubauen, dann zeigt uns das doch, was für ein hochintelligentes System die Natur ist.

Glücklicherweise ist es noch nicht zu spät, die Wende einzuleiten. Wenn wir jetzt die richtigen Maßnahmen ergreifen, um jene verletzliche, 20 bis 30 Zentimeter Schicht aus Mutterboden zu erhalten, von der unser Leben abhängt, könnten wir bereits in 30 Jahren vielerorts vollständig regenerierte Böden haben und überall auf der Welt gesunde Lebensmittel ernten. Mit dem Wissen über die evolutionären Prozesse der Natur und die Grundlagen intakter Böden, das gerade beginnt, sich weltweit zu verbreiten, haben wir sogar die Chance, riesige Flächen, die bereits seit Jahrtausenden nur noch Wüste sind, erneut zu begrünen. China hat im Zuge seines Projekts der Begrünung der Wüste Gobi bis heute bereits 45 Millionen Hektar Wald aufgeforstet – dort, wo vor wenigen Jahrzehnten tote, degenerierte Böden waren. Das ist eine Fläche größer als Deutschland. Eine weitere Ausdehnung der Wüste Gobi konnte bereits gestoppt werden. Solche Projekte machen Hoffnung. Wir sollten uns jedoch beeilen, denn wir stehen an einem kritischen Punkt in der Geschichte der Menschheit. Während China auf dem Weg ist, seine Böden erfolgreich zu regenerieren, droht in Nord- und Südamerika, in Afrika und selbst bei uns in Europa die Bildung neuer, riesiger Wüsten. Die schnellste und wirksamste Maßnahme, um dies zu verhindern, ist eine fundamentale Wende in der Landwirtschaft. Hierfür müssen wir zunächst genauer verstehen, was in 10 000 Jahren Landwirtschaft falsch gelaufen ist. Darum geht es zu Beginn des folgenden Kapitels.

# 2 Landwirtschaft

Als Konstrukteur von Landmaschinen betrachtete ich den Pflug lange als Segen für die Menschheit und eine ihrer größten Errungenschaften. Auf dem Pflug basiert auch der Erfolg des weltgrößten Herstellers von Landmaschinen, Deere & Company aus den USA. Pflüge gab es schon seit Jahrtausenden, als John Deere, ein gelernter Schmied, im Jahr 1837 mithilfe eines speziellen Schärf- und Polierverfahrens den modernen, selbstreinigenden Stahlpflug erfand. Bald darauf produzierte er mit seiner Firma John Deere Plow Works bereits mehr als 1500 Pflüge pro Jahr. Ab 1848 befand sich der Sitz seiner Firma in der kleinen Stadt Moline am Mississippi, knapp 300 Kilometer westlich von Chicago. Dort hat das Unternehmen Deere & Company mit heute mehr als 80 000 Beschäftigten immer noch seine Zentrale.

**Die Great Plains in den USA erlebten vor 90 Jahren die erste Umweltkatastrophe infolge moderner Landwirtschaft.**

Etwa viereinhalb Autostunden westlich von Moline, hinter dem Fluss Missouri, beginnen die Great Plains. Als John Deere 1804 geboren wurde, gehörte dieses Gebiet mit einer Breite von über 750 Kilometern und einer Länge von fast 3.000 Kilometern noch weitgehend den nordamerikanischen Ureinwohnern. Die Stämme der Comanche und Lakota lebten auf den Grassteppen in Tipis und jagten Büffel. Bald jedoch drängten die weißen Siedler die indigene Bevölkerung in Reservate ab. Mit den Neuankömmlingen hielt die Landwirtschaft Einzug und damit der Pflug. Innerhalb weniger Jahrzehnte wurde die weite Landschaft der Great Plains buchstäblich umgepflügt, um sie landwirtschaftlich nutzbar zu machen.

Eine langfristige Folge davon war die bisher größte Umweltkatastrophe in der Geschichte der USA, die sogenannte Dust Bowl. Während der 1930er-Jahre kam es in den Great Plains zu verheerenden Bodenerosionen, Staubstürmen und Dürren. Tausende Farmer gaben ihre Betriebe auf und wanderten in Richtung

Westküste. Armut und Perspektivlosigkeit machten sich breit, wo jahrzehntelang eine wohlhabende Mittelschicht das gesellschaftliche Leben bestimmt hatte. Zum ersten Mal in der neuzeitlichen Geschichte zeigte sich überdeutlich: Eine der vermeintlich größten Errungenschaften der Menschheit zählt in Wahrheit zu ihren furchtbarsten Geißeln.

## Der Pflug ist der Fluch

**Unsere Landwirte sitzen heute auf einem Traktor mit GPS – und ziehen eine 5000 Jahre alte Idee hinter sich her.**

Die Vorstellung vom Pflug als Fluch statt Segen bringt für Angehörige meiner Generation, die mit Landwirtschaft groß geworden sind, ein Weltbild ins Wanken. Der Pflug war auf den Betrieben mit Pflanzenproduktion immer eine Selbstverständlichkeit. Mein Vater besaß nach dem Zweiten Weltkrieg sogar noch einen altertümlichen Pflug, der von einem Pferd gezogen wurde. Im Jahr 1949, so erzählte er mir als Kind stolz, kam dann der erste Trecker auf den Hof. Statt mit einem PS wurde der Pflug jetzt mit 16 PS gezogen. Mein Vater musste nun auch nicht mehr das Pferd und den Pflug gleichzeitig mit jeweils einer Hand führen. Er saß vergleichsweise entspannt auf dem Traktor, an den der Pflug angehängt war. Wahrscheinlich kennen alle das Bild eines Landwirts, der mit seinem Trecker und einem hinten angekoppelten Pflug über einen Acker fährt. Es gehört zu den positiven Vorstellungen vom Landleben, die wir in unseren Köpfen abgespeichert haben. Während der letzten 75 Jahre sind Traktoren immer größer und leistungsfähiger geworden. Um heute einen typischen Fünf-Schar-Pflug zu ziehen, empfiehlt sich eine Schlepperleistung von mindestens 150 PS. Was sich dagegen kaum verändert hat, ist der Pflug als solcher in seiner Funktionsweise. Angesichts des gigantischen technologischen Fortschritts der letzten Jahrzehnte und zahlloser neuer wissenschaftlicher Erkenntnisse über die Landwirtschaft ist das schon sehr verwunderlich. Landwirte sitzen heute auf einem Traktor, der mit GPS und einer Schnittstelle fürs Smartphone ausgestattet ist – und ziehen ein Gerät hinter sich her, das von der Idee her über 5000 Jahre alt ist.

Einer Legende nach soll Shennong, der erste chinesische Kaiser, im 4. Jahrtausend vor unserer Zeitrechnung den Pflug erfunden haben. Historische Tatsache ist, dass die Ägypter um etwa dieselbe Zeit ihre Äcker im Nildelta bereits mit dem Pflug bearbeiteten. Ein über 3000 Jahre altes Gemälde aus einer ägyptischen Grabkammer zeigt detailgetreu einen Ochsen, der einen Holzpflug zieht. Dahinter sieht man einen Ägypter, der den Ochsen mit einer Peitsche antreibt und den Pflug führt. In Indien und Mesopotamien kann der Pflug ähnlich früh nachgewiesen werden wie in Ägypten. Der älteste in Deutschland gefundene Pflug ist der sogenannte Krümelpflug von Walle und stammt wahrscheinlich aus der Zeit um 1500 vor unserer Zeitrechnung. Egal, wer den Pflug letztlich erfunden hat – er war so etwas wie ein Exportschlager am Wendepunkt von der prähistorischen zur historischen Zeit. Sämtliche frühen Hochkulturen scheinen den Pflug gekannt und bereits umfassend eingesetzt zu haben. Was machte gerade dieses Gerät für unsere Vorfahren so attraktiv?

**Bereits die Kulturen des Altertums strebten nach Effizienz und Effektivität – auf Kosten der Natur.**

Die Hauptaufgabe des Pflugs war und ist es, ein möglichst reines Saatbeet für den Pflanzenanbau zu schaffen. Seit dem Beginn der landwirtschaftlichen Revolution vor etwa 12 000 Jahren ernten wir Menschen die essbaren Früchte und verwertbaren Rohstoffe des Pflanzenreichs immer weniger dort, wo sie natürlich vorkommen. Wir bauen diese vielmehr gezielt an, um die Erträge zu steigern und unsere Nahrungsmittelversorgung planbar zu machen. Das ist der ganze Sinn von Landwirtschaft, sonst würden wir heute noch mit dem Sammelkorb losziehen und die Wildnis durchstreifen. Je höher Kulturen sich nun entwickeln, desto stärker kommt der Gedanke der Effizienz und Effektivität ins Spiel. Die Kulturen des Altertums legten zum Beispiel immer größere und komplexere Städte an und verfügten bald auch über durchorganisierte und schlagkräftige Armeen. Während sämtliche indigenen Völker der Natur mit großer Ehrfurcht begegnet waren, war sie für die aufkommenden Zivilisationen zunehmend Rohmaterial, das vermeintlich nur darauf wartete, durch den Menschen umgestaltet zu werden, und ohne diese Umgestaltung als mehr oder weniger nutzlos galt. Das neue Ideal waren wie mit dem Lineal gezogene Straßen und Wege, rational strukturierte Siedlungen und schließlich auch planmäßig angelegte Felder. Auf diesen stand idealerweise nur ein einziges Gewächs, wie zum Beispiel der Weizen, das sich dann einmal jährlich in großen Mengen ernten ließ.

Der Pflug bietet auf den ersten Blick eine Reihe von Vorteilen, um das Ziel effizienter und effektiver Nahrungsmittelproduktion zu erreichen. Ein Pflug lockert die Erde auf und zieht gleichmäßige Furchen, also linienförmige Vertiefungen in die obere Erdschicht eines Feldes. Dadurch kann das Saatgut sehr einfach und im richtigen Abstand in den Boden eingebracht werden. Im selben Arbeitsgang werden unerwünschte Gewächse, die sich seit der letzten Ernte selbst gesät haben, zerstört, indem sie einfach untergepflügt werden. Im ersten Jahrhundert unserer Zeitrechnung beschrieb der römische Gelehrte Plinius der Ältere den Pflug mit breiter Schar zum Wenden der Scholle als neueste Erfindung der Gallier. Seitdem wird die Erde beim Pflügen somit nicht nur von unerwünschten Gewächsen befreit, sondern auch noch gelüftet, was man als weiteren Vorteil ansah. Mithilfe eines recht einfachen Werkzeugs konnte man also seit der Erfindung des Pflugs mühelos auch auf großer Fläche säen.

**Der Pflug ist auf dem Rückzug, doch die tiefe Bodenbearbeitung ist geblieben und richtet dieselben Schäden an.**

Heute werden vielleicht noch 20 Prozent der weltweiten landwirtschaftlichen Flächen mit dem Pflug bearbeitet. Verbreitet ist er hauptsächlich in Europa. Seine technologischen Nachfolger in der modernen Landtechnik haben jedoch dasselbe Ziel: Nach wie vor nehmen Landwirte überall auf der Welt eine tiefe

Bodenbearbeitung vor, um die Erde aufzulockern, ein optimales Saatbeet zu erhalten und unerwünschten Bewuchs zurückzudrängen. Nimmt man sämtliche Methoden der tiefen Bodenbearbeitung mit alter und neuer Technik zusammen, so findet diese auf schätzungsweise 80 bis 85 Prozent der weltweiten Ackerflächen statt. Als Ingenieur kenne ich die dafür vorrangig eingesetzten Maschinen und deren Funktionsweise sehr gut. Die meiste Zeit meines Berufslebens hätte ich mir nicht vorstellen können, dass die tiefe Bodenbearbeitung katastrophale Auswirkungen haben könnte. Doch genau das ist der Fall. Nur durch den massiven Einsatz von Dünger und Chemikalien schaffte es die Landwirtschaft in der zweiten Hälfte des 20. Jahrhunderts vorübergehend, die negativen Folgen der tiefen Bodenbearbeitung zu kaschieren. Doch die Warnzeichen waren längst unübersehbar.

## Wie Amerikas größte Felder zu Wüsten wurden

**Die Dust Bowl verdunkelte die Sonne, machte den Tag zur Nacht und zerstörte eine Farm nach der anderen.**

Im Jahr 1933 wurde der Demokrat Franklin D. Roosevelt zum US-Präsidenten gewählt. Als er kurz nach seinem Amtsantritt zum ersten Mal die Great Plains besuchte, kam er in ein Katastrophengebiet. Die Dust Bowl ging als bisher größte menschengemachte Umweltkatastrophe in die Geschichte der USA ein. Nachdem im ehemaligen Indianerland der Great Plains jahrzehntelang Landwirtschaft mit tiefer Bodenbearbeitung betrieben worden war, wurde dieses knapp zwei Millionen Quadratkilometer große Gebiet ökologisch instabil. Eine längere Dürreperiode Anfang bis Mitte der 1930er-Jahre war dann der Auslöser für die Katastrophe. Starke Winde, die immer wieder über die Felder wehten, wirbelten den ausgetrockneten Mutterboden auf und entwickelten sich so zu gigantischen Staubstürmen. Sie verdunkelten die Sonne, machten den Tag zur Nacht und zerstörten innerhalb relativ kurzer Zeit eine Farm nach der anderen. Über Jahrzehnte fruchtbare Felder wurden zu Staubwüsten, in denen nichts mehr gedieh. Am stärksten waren die Bundesstaaten Nebraska, Kansas, Colorado, New Mexico und Texas betroffen. Hunderttausende Menschen waren hier schließlich auf der Flucht vor dem Staub.

Im September 1936 sagte Präsident Roosevelt im Anschluss an eine seiner Reisen in die Great Plains:

> *Ich sah Zerstörung durch Austrocknung in neun Bundesstaaten. Ich sprach mit Familien, die ihren Weizen verloren hatten, ihren Mais verloren hatten, ihr Vieh verloren hatten, das Wasser in ihren Brunnen verloren hatten und ihren Gemüsegarten verloren hatten. Am Ende des Sommers standen sie ohne einen Dollar an Bargeldreserven da. Sie sahen einem Winter entgegen, ohne etwas zu essen zu haben, und einem Frühjahr, ohne Saatgut zu besitzen. Ich werde die Weizenfelder nie vergessen, die von der Hitze so vertrocknet waren, dass es hier nichts mehr zu ernten gab. Ich werde nie vergessen, wie ein Maisfeld neben dem anderen verkrüppelt, fruchtlos und ohne Blätter dastand. Denn was die Sonne übrigließ, holten sich die Heuschrecken.*

**Die weltweit erste staatliche Organisation zur Förderung der Bodengesundheit wurde bereits 1935 gegründet.**

Dem Präsidenten hatte sich ein apokalyptischer Anblick geboten. Im Jahr 1934 waren bereits mehr als 80 000 000 Hektar Ackerland in den Great Plains vollkommen zerstört. Das ist eine Fläche größer als die Deutschlands, Österreichs, der Schweiz und Italiens zusammengenommen. Roosevelt und seine Berater erkannten, dass es sich hierbei nicht um eine Naturkatastrophe handelte, sondern die Ursachen menschengemacht waren. Im Jahr 1935 wurde deshalb auf Initiative Roosevelts der Soil Conservation Service (SCS) als eine Behörde des Landwirtschaftsministeriums der Vereinigten Staaten gegründet. Der SCS war die weltweit erste staatliche Organisation zur Förderung von Bodengesundheit. In seiner Rede zur Gründung des SCS sagte Roosevelt, der Plan sei nunmehr, »mit der Natur zu kooperieren«. Im Zuge des Wirtschaftsbooms nach dem Zweiten Weltkrieg geriet die Dust Bowl jedoch bald in Vergessenheit. Statt durch die Bewahrung gesunder Böden, was der Ansatz der Regierung unter Roosevelt gewesen war, versuchte die Landwirtschaft sich nun mit dem Einsatz von immer mehr Kunstdünger und chemischen Pflanzenschutzmitteln vor ihrer selbst verschuldeten Misere zu retten. Das geschah nicht allein in den USA, sondern weltweit. Ich werde auf dieses Thema weiter unten in diesem Kapitel noch zurückkommen. Zunächst stellen sich weitere Fragen: Was genau waren die Ursachen der Dust Bowl? War tatsächlich der Pflug an allem schuld? Und wenn ja: Ist die Gefahr der Bodenerosion das Einzige, was den Pflug zum Fluch werden lässt?

**In der Natur ist jeder Quadratmeter Boden stets von Vegetation bedeckt – und das aus gutem Grund.**

Grob gesagt war es die Kombination aus tiefer Bodenbearbeitung durch Pflügen und einem den Elementen über Wochen und Monate ungeschützt ausgesetzten Mutterboden, der die Katastrophe der Dust Bowl heraufbeschwor. Als die Great Plains noch Grasland waren, gab es nirgendwo auch nur einen Quadratmeter Boden, der nicht von Vegetation bedeckt gewesen wäre. Selbst wo riesige Büffelherden gegrast hatten, hinterließen sie keine exponierte Erde, da sie das Gras nur oberflächlich wegfraßen und es nicht mitsamt den Wurzeln ausrissen. Wie schon seit Jahrtausenden konnte der Wind über diese weite Grassteppe fegen, ohne dass es dem Boden etwas ausgemacht hätte. Dann kam der weiße Farmer mit seinem Pflug. Er lockerte den bisher durch Graswurzeln fest verbundenen Boden jedes Jahr auf und überließ die Erde dann auch noch nach jeder Ernte ungeschützt der Sonne, dem Wind und dem Regen. Dadurch degenerierte der Boden immer mehr.

Eine längere Trockenheitsperiode, so wie Anfang der 1930er-Jahre in Nordamerika, war klimatisch eigentlich ein natürliches Ereignis. Vorübergehende Trockenheit kam auch vor Beginn des menschengemachten Klimawandels immer wieder vor und konnte gesunden Böden wenig anhaben. Für die bereits extrem degenerierten Böden der Great Plains war die lange Trockenheit dagegen der Todesstoß. Die einst fruchtbare Erde wurde erst zu Staub pulverisiert und anschließend buchstäblich vom Winde verweht.

Genau einen solchen dramatischen Kipp-Punkt hatte es rund 2.000 Jahre zuvor bereits in Ägypten, Mesopotamien und Teilen des Römischen Reichs gegeben. Wird der Mutterboden lange genug umgepflügt und nach der Ernte der darauf angebauten Pflanzen den Elementen schutzlos ausgesetzt, zerfällt er irgendwann und kann vom Wind weggeweht oder vom Regenwasser weggespült werden.

## Das Pflügen ist wie ein Bombenangriff auf den Boden

**Das Ökosystem gesunder Böden ist mindestens so komplex wie die Infrastruktur moderner Mega-Citys.**

Erosion ist nur die eine Hälfte des Schadens, den das Pflügen und generell eine tiefe Bodenbearbeitung anrichtet. Die Dust Bowl mit ihren Staubstürmen, die die Sonne verdunkelten wie bei einer Sonnenfinsternis, war furchterregend. Und doch war dies lediglich das sichtbare Geschehen an der Oberfläche. Die zweite verheerende Folge der Erfindung des Pflugs ist für das menschliche Auge unsichtbar. Es ist die Degeneration der Bodenqualität in der Tiefe. Als lebendiges Ökosystem ist der Boden voller Nährstoffe für die Pflanzen und Tiere, die in ihm leben. Ein Boden, der jedes Jahr aufs Neue umgepflügt wird, büßt seinen Nährstoffgehalt und seine Tierwelt aus Billionen und Trillionen von Mikroorganismen und Pilzen jedoch immer mehr ein. An einem bestimmten Punkt ist er ausgelaugt und degeneriert. Was hier geschieht, lässt sich mit einem Bild veranschaulichen: Das von der Natur erschaffene Ökosystem im Boden funktioniert ähnlich wie eine moderne Mega-City. In Los Angeles oder Tokio gibt es unzählige Gebäude, Straßen, Brücken, Stromleitungen, Wasserleitungen und Abwasserkanäle. Hinzu kommen Tausende Lebensmittelgeschäfte und Lagerhallen, eine Müllabfuhr, Kläranlagen, Recyclinghöfe und so weiter. Ganz ähnlich gibt es auch im Boden eine »Infrastruktur«, die von den zahllosen Pflanzen, Kleinlebewesen, Mikroorganismen und Pilzen gebildet wird. Auch diese Infrastruktur kennt Lebensräume, Transportwege und Kanäle. Es existiert ein komplexes System der Nährstoffversorgung und des Abtransports von Abfallstoffen. Alles Leben im Boden geht eine einzige große Symbiose ein, um diese Infrastruktur zu erschaffen und ideale Wachstumsbedingungen für die Pflanzen herzustellen.

**Tiefe Bodenbearbeitung zerstört jedes Jahr aufs Neue die gesamte »Infrastruktur« des Bodens.**

Man stelle sich nun vor, eine Mega-City würde flächendeckend bombardiert. Los Angeles oder Tokio sähen danach aus wie Berlin und Hamburg unmittelbar nach dem Ende des Zweiten Weltkriegs. Ein großer Teil der Gebäude, Straßen, Brücken, Stromleitungen, Wasserleitungen, Abwasserkanäle und so weiter wäre zerstört. Nur noch unter großen Schwierigkeiten könnten die Überlebenden mit Trinkwasser und Lebensmitteln versorgt werden. Hunger und Seuchen breiteten sich aus. Ein vollständiger Wiederaufbau würde einige Jahre in Anspruch nehmen. Genau das geschieht, bildlich gesprochen, mit der Infrastruktur des Bodens durch das Pflügen und jede Form der tiefen Bodenbearbeitung. Wo zuvor ein hoch komplexes Ökosystem war, bietet sich nun ein Bild der Zerstörung. Ähnlich wie die Einwohner in Berlin und Hamburg im Jahr 1945 beginnt nun auch die Natur sofort damit, die Schäden zu beseitigen und die Infrastruktur wieder aufzubauen. Allerdings kommt es nach einem Jahr noch einmal zu einem Bombenangriff in derselben Stärke. Und ein Jahr später wieder. Und im Jahr darauf wieder. Und immer so weiter. Kaum sind die größten Schäden beseitigt, kaum ist die Infrastruktur halbwegs repariert, setzt schon wieder die nächste Angriffswelle ein.

Die »Angriffe« können über Jahre weitergehen, doch an einem bestimmten Punkt ist der Boden zu stark zerstört, um sich auch nur provisorisch zu regenerieren. Die Folge ist, dass in der einst fruchtbaren Erde kaum noch etwas von alleine wächst. Hatte die Bodenbearbeitung zunächst den Anbau von Pflanzen erheblich erleichtert und dazu beigetragen, die Erträge der Landwirtschaft zu steigern, so machen ihre »Kollateralschäden« der natürlichen

Fruchtbarkeit irgendwann ein Ende. Die Menschen des Altertums hatten kaum eine Chance, diese Zusammenhänge zu begreifen. Die Ehrfurcht vor der Natur war ihnen abhandengekommen, gleichzeitig war die Wissenschaft noch nicht so weit, das komplexe Zusammenspiel sämtlichen sichtbaren und unsichtbaren Lebens im Boden zu beschreiben. Fassungslos mussten die Menschen mit ansehen, wie ihre Felder keine Erträge mehr lieferten. Hunger breitete sich aus und ganze Zivilisationen gingen unter.

**Kunstdünger und Chemie sind die verlockenden Schein-Lösungen angesichts der Degeneration von Böden.**

Seit dem 20. Jahrhundert sind wir Menschen in einer anderen Situation. Die Wissenschaft konnte das Bodenleben mehr und mehr erforschen. In den USA hat der Natural Resources Conservation Service (NRCS), die Nachfolgeorganisation von Präsident Roosevelts SCS, umfangreiche Schulungsprogramme aufgelegt, um Landwirte dafür zu sensibilisieren, wie das Ökosystem des Bodens funktioniert und was sich tun lässt, um Böden gesund zu erhalten. Wie moderne Wanderprediger reisen Schulungsleiter des NRCS kreuz und quer durch die landwirtschaftlichen Regionen der USA. Dabei stoßen sie jedoch häufig auf Ablehnung oder zumindest Desinteresse seitens der Landwirte. Denn seit dem Zweiten Weltkrieg hatte ihnen die chemische Industrie – wie überall auf der Welt – eine zunächst viel verlockendere Lösung des Problems schwindender Erträge angeboten: Mit Kunstdünger und jeder Menge Chemie zur Schädlingsbekämpfung lassen sich selbst in Böden, die eigentlich nur noch totes Substrat sind, wie durch ein Wunder die schönsten Pflanzen anbauen. Doch dafür ist ein sehr hoher Preis zu zahlen, wie die Alternativbewegungen im Gefolge der 68er-Proteste als Erste erkannten.

## Warum Bio nicht reicht

Als Studentenbewegung, Hippies und neue soziale Initiativen Ende der 1960er-Jahre begannen, das politische und gesellschaftliche Klima in den USA, Westeuropa und auch der Bundesrepublik zu verändern, kam ich gerade ins Teenager-Alter. Hinter mir lag eine zwar materiell bescheidene, aber behütete und glückliche Kindheit. Statt den Kindergarten zu besuchen, wuchsen wir Kinder zunächst auf dem Hof der Eltern auf. Wir spielten mit allem, was wir dort vorfanden. Kein Kind brauchte damals teures Spielzeug. In meiner Grundschule in der Bauernschaft wurden noch acht Klassen parallel in einem einzigen Raum unterrichtet. Nach der Grundschule ging ich in Ahlen, einer Kleinstadt mit 50 000 Einwohnern, aufs Gymnasium. Während meiner Gymnasialzeit begegneten mir dann die ersten »Langhaarigen«. Unter den älteren Schülern machten heimlich Joints die Runde. Die junge Generation unterschied sich nicht nur durch ihre Frisuren und ihren Kleidungsstil von den Älteren, sondern auch durch die Musik, die sie hörte. Statt Heino und Roy Black waren nun Jimi Hendrix, die Rolling Stones und Janis Joplin angesagt. Ich kann mich noch gut an die Nachrichten erinnern, die kurz hintereinander erst den Tod von Jimi Hendrix und dann den von Janis Joplin vermeldeten. Beide wurden nicht einmal 30 Jahre alt und fielen wohl ihrem exzessiven Drogenkonsum zum Opfer.

**In den frühen 1970er-Jahren begann eine Generation, ihr Umfeld zu reflektieren. Auch Ökologie war plötzlich von Interesse.**

Das Wesentliche bei der jungen Generation der frühen 1970er-Jahre waren jedoch weder die langen Haare noch die Drogen noch die Rockmusik. Entscheidend war vielmehr, dass diese Menschen damit begannen, ihr Umfeld zu reflektieren. Wahrscheinlich zum ersten Mal stellte eine Generation die Werte und die Lebensweise der Elterngeneration vollständig infrage. Nichts sollte mehr ungeprüft geglaubt und übernommen werden, was das »Establishment« – dieser Begriff machte die Runde – für richtig und erstrebenswert hielt. Familie, Staat und Kirche galten nicht länger als Garanten eines guten Lebens, sondern zumindest potenziell als Orte der Unterdrückung von Freiheit und Selbstbestimmung. In diesem Klima eines kritischen Bewusstseins rückten auch die Schattenseiten des kapitalistischen Wirtschaftssystems stärker in den Fokus. Neben sozialer Ungerechtigkeit zählte dazu auch die zunehmende Umweltzerstörung. Sie drang ins Bewusstsein der sogenannten Gegenöffentlichkeit.

Bis die gesellschaftliche Mehrheit sich näher mit Ökologie befassen und Umweltschutz als unverzichtbares Ziel begreifen würde, sollte noch viel Zeit vergehen. Trotzdem war das Thema Ökologie bald auch bei uns im ländlichen Raum präsent. Erste Landwirte, darunter viele, die den Hof von ihren Eltern übernommen hatten, entschieden sich, auf biologische Landwirtschaft umzusteigen. Vorläufer hatte es um 1900 im Rahmen der Reformhaus- und Naturkost-Bewegung gegeben sowie in den 1920er-Jahren durch die von Rudolf Steiner propagierte »biologisch-dynamische« Landwirtschaft. Nun wurde daraus eine viel breitere und diesmal auch politisch motivierte Bewegung. In Berlin, Hamburg und Münster eröffneten die ersten Bioläden. Was hier begann, war weit mehr als eine Modeerscheinung.

**Seit 50 Jahren muss sich Chemie in der Landwirtschaft massive Kritik von Umweltschützern anhören.**

Saubere, natürlich produzierte Lebensmittel zu konsumieren, war jetzt auch eine Form des Protests gegen einen zunehmend industrialisierten Agrarsektor. Zu der mittlerweile vorherrschenden Landwirtschaft gehörte der massive Einsatz chemischer Dünge- und Pflanzenschutzmittel – letztlich zum Schaden der Gesundheit des Menschen und seiner Umwelt, dessen war man sich in der aufkommenden Öko-Bewegung sicher. Hatten die linken Studenten während des Vietnamkriegs gegen das Abwerfen des Entlaubungsmittels Napalm durch die USA protestiert, so richtete sich der Protest der Umweltschützer jetzt gegen die Interessen von »Big Chemical« in der Landwirtschaft. Damit, so waren die Kritiker überzeugt, werde nämlich auch eine Art Krieg geführt: gegen den Menschen, seine Gesundheit und die Natur. War dieser Vorwurf berechtigt?

## Wenn im Boden nicht einmal mehr Bakterien überleben

In jeder Handvoll gesunden Bodens befinden sich, wie ich im ersten Kapitel bereits erwähnt habe, viele Milliarden Mikroorganismen. Sie sind ständig damit beschäftigt, im Boden befindliches organisches Material zu verarbeiten, und bringen damit Nährstoffe in genau jene biochemische Form, die Pflanzen benötigen, um sie aufzunehmen. Doch nicht nur im Boden finden sich Milliarden von Mikroorganismen, sondern auch im Verdauungstrakt des Menschen. Wir haben fast hundertmal so viele Zellen von Darmbakterien in unseren Körpern, wie wir eigene, menschliche Zellen besitzen. Dies sind erstaunlicherweise genau dieselben Bakterien, die sich auch in unseren Ackerböden finden. Was im gesunden Boden geschieht und was bei der Verdauung im Darm eines Menschen geschieht, ist also mikrobiologisch eng verwandt. Ich werde diese Zusammenhänge in den Kapiteln über Gesundheit und Ernährung noch genauer beschreiben. An dieser Stelle genügt die Feststellung, dass die Bodenqualität die Grundlage für gesunde Pflanzen, gesunde Tiere, gesunde Lebensmittel aus Pflanzen und Tieren und damit am Ende auch gesunde Menschen bildet. Werden Böden chemisch gedüngt und die Pflanzen später auch noch mit giftigen Chemikalien behandelt, zerstört dies genau diese Grundlage.

**Wo es keine natürlichen Mikroorganismen gibt, können auch keine gesunden Pflanzen für nahrhafte Lebensmittel wachsen.**

Die Böden einer industriellen, auf einem flächendeckenden Einsatz von Chemie basierenden Landwirtschaft, wie sie sich spätestens in den 1960er-Jahren weltweit durchgesetzt hat, sind fast vollkommen frei von Mikroorganismen. Wo es aber keine natürlichen Mikroorganismen mehr gibt, da können keine gesunden Pflanzen mehr wachsen, kann kein gesundes Futter mehr erzeugt werden und sind am Ende auch keine wirklich gesunden, nährstoffreichen Lebensmittel mehr möglich. Denn die Mikroorganismen werden ja gebraucht, um die Nährstoffe in die Pflanze zu bringen. Von dort gelangen sie entweder über pflanzliche Lebensmittel direkt in den Körper des Menschen – oder indirekt über tierische Produkte. Wenn wir in der Landwirtschaft massiv Chemie einsetzen, vernichten wir also nicht nur Schädlinge, sondern auch Mikroben, die für unsere Gesundheit sehr wichtig sind. Durch den Einsatz von Kunstdünger und Pflanzenschutzmittel ernten wir zwar am Ende immer noch ausgewachsene Pflanzen. Aber diese enthalten nicht mehr genügend Nährstoffe für gesunde Nahrungsmittel. Zudem sind sie mit den Rückständen der in der Landwirtschaft eingesetzten giftigen Chemikalien in bedenklichem Maß belastet. Das frische Obst und das frische oder gefrorene Gemüse, das wir heute beim Discounter angeboten bekommen, sehen zwar perfekt aus, enthalten jedoch nur noch einen kleinen Teil der ursprünglichen Nährstoffe.

Kurzfristig führte der Einsatz von Chemie in der industriellen Landwirtschaft zu einer Ertragssteigerung gegenüber einer natürlichen Bewirtschaftung. Zu einer Zeit, in der es vor allem darauf ankam, möglichst viele Menschen satt zu bekommen, sah das aus wie die perfekte Lösung. Doch jetzt sinken die landwirtschaftlichen Erträge weltweit. Denn je intensiver die Bodenbearbeitung und je massiver der Einsatz von Dünger auf dem Feld, desto schwächer werden die Böden über die Jahre und umso anfälliger werden die Pflanzen für Krankheiten. Um diesen Effekt zu kompensieren, ist man gezwungen, noch mehr Dünger und Chemie einzusetzen. Das ist der Teufelskreis der industriellen Landwirtschaft. Begonnen hat das alles während des Ersten Weltkriegs, als vor allem deutsche Wissenschaftler auf der Suche nach neuartigen Chemiewaffen waren. Damals waren chemische und biologische Kampfstoffe noch nicht international geächtet. Quasi als Abfallprodukt der militärischen Forschung wurden dann nach Kriegsende sowohl chemische Düngemittel als auch Schädlingsgifte für die Landwirtschaft auf den Markt gebracht.

**Um heute Weizen industriell zu erzeugen, wird mehr als das Dreifache an Kunstdünger benötigt als noch 1960.**

Nach dem Zweiten Weltkrieg ließ sich mit Dünger und Chemie auf den Feldern das Welternährungsproblem scheinbar einfach und wirtschaftlich sinnvoll lösen. Es entstand ein System der industriellen Nahrungsmittelproduktion, wie es die Welt noch nicht gesehen hatte. Die Landwirte mussten zwar jetzt Jahr für Jahr in großen Mengen Pestizide und Düngemittel bei der chemischen Industrie einkaufen, hatten dafür aber zunächst auch höhere

Erträge. Bis eben der beschriebene Teufelskreis einsetzte und immer und immer mehr Chemie nötig war, um trotz zwischenzeitlich degenerierter Böden die Erträge zumindest auf dem bisherigen Level zu halten. Um heute in der industriellen Landwirtschaft eine Tonne Weizen zu erzeugen, wird mehr als das Dreifache an Kunstdünger benötigt als noch 1960. Die Rückstände der Chemie aus der Landwirtschaft finden sich inzwischen überall – in Seen und Flüssen, in Wäldern, bei den Tieren, in den Nahrungsmitteln und natürlich auch in unseren Körpern. Woran liegt das?

**Die in der Landwirtschaft eingesetzten Chemikalien bleiben nicht auf den Feldern, sondern verbreiten sich überall.**

Die Bodenerosion durch intensive Bodenbearbeitung in der Landwirtschaft trägt zu einem erheblichen Teil zur Verbreitung chemischer Rückstände bei und verschärft das beschriebene Problem damit noch erheblich. Die in der Landwirtschaft massiv eingesetzte Chemie bleibt eben nicht auf den Feldern, wo sie bereits genug Schaden anrichtet. Sobald Wind und starke Regenfälle den geschwächten Mutterboden abtragen, werden auch die Rückstände chemischer Dünge- und Pflanzenschutzmittel in der Umwelt verteilt. Der Mississippi, mit einer Länge von fast 4000 Kilometern der größte Strom Nordamerikas, ist ein tragisches Beispiel dafür. In seinem unteren Verlauf ist dieser Fluss schon seit längerer Zeit biologisch tot. Hier leben keine Fische mehr, genau wie bei uns im Rhein vor Jahrzehnten, als die Umweltverschmutzung in Deutschland ihren Höhepunkt erreicht hatte. Anders als einst beim Rhein ist hier aber nicht die chemische Industrie der Auslöser des Fischsterbens, sondern die industrielle Landwirtschaft. Durch Bodenerosion werden so großen Mengen an chemischen Rückständen von den Feldern in den Fluss gespült, dass im Mündungsbereich des Mississippi sogar das Meer bereits abgestorben ist. Man nennt heute den Bereich des Golfs von Mexiko, in dem sich das Wasser des Mississippi mit dem Meerwasser vermischt, aus meeresbiologischer Sicht die »Dead Zone«, also die Todeszone.

## Bio heißt nicht automatisch gesund und nährstoffreich

**Biologische Landwirtschaft ist ein Schritt in die richtige Richtung, jedoch nicht das Ende der Degeneration von Böden.**

Ich will hier nicht behaupten, dass die Pioniere der biologischen Landwirtschaft in den 1970er-Jahren diese Entwicklung in ihrer ganzen Dramatik vorausgesehen hätten. Mit ziemlicher Sicherheit war vielen von ihnen jedoch klar, welche Richtung die industrielle Landwirtschaft während der vorangehenden zwei Jahrzehnte eingeschlagen hatte und dass Mensch und Umwelt für den massiven Einsatz von Chemikalien einen hohen Preis bezahlten. Die Parole der Biolandwirtschaft lautete deshalb: Weg von der Chemie! Das war absolut richtig. Die biologische Landwirtschaft fand in den folgenden Jahren zahlreiche Techniken, um Böden auf natürliche Weise zu düngen sowie Unkraut und Schädlinge ohne den Einsatz von Chemie zu bekämpfen. Das gelang ihr mal mehr und mal weniger gut. Der komplette Verzicht auf Chemie bedeutet jedoch nicht automatisch, dass geschädigte Böden sich regenerieren, da das Ökosystem des Bodens auch weiterhin durch intensive Bodenbearbeitung, Monokulturen, Unbedecktlassen des Bodens über längere Zeit und andere Faktoren gestört werden kann. Immerhin war es ein erster Schritt in die richtige Richtung – den allerdings bis heute nur eine Minderheit gegangen ist.

Trotz des gefühlten Booms der Biolebensmittel, die sich heute auch bei jedem Discounter in den Regalen finden, lag der Anteil der Biobauernhöfe in Deutschland im Jahr 2022 lediglich bei 14,2 Prozent aller Betriebe. Der Flächenanteil der biologischen Landwirtschaft an der gesamten landwirtschaftlich genutzten Fläche Deutschlands lag bei 11,2 Prozent. Dabei ist Deutschland im internationalen Vergleich schon eine Hochburg der biologischen Landwirtschaft. In den USA liegt der Bioanteil nach Daten des Landwirtschaftsministeriums bei unter einem Prozent. Die vielen Biosupermärkte in New York und San Francisco sind also keinesfalls repräsentativ. Österreich ist hingegen mit über 25 Prozent Bioanbaufläche führend in Europa und liegt weit vor Deutschland. Warum die großen Lebensmittelhändler trotz des noch recht geringen Anteils am Gesamtmarkt immer mehr auf Biolebensmittel setzen, werde ich in einem späteren Kapitel noch aufgreifen.

**Wer ausschließlich Bioprodukte konsumiert, kann trotzdem einen eklatanten Nährstoffmangel haben.**

Vor rund 25 Jahren haben wir in der Familie angefangen, Biolebensmittel einzukaufen. Bis vor etwa fünf Jahren dachte ich, damit sei jetzt alles okay. Wir kaufen Bio, so meinte ich, dann haben wir Lebensmittel, die weitgehend frei von giftigen Rückständen aus der industriellen Landwirtschaft sind und wieder den Nährstoffgehalt wie vor 150 Jahren besitzen. Doch nach dem alljährlichen Besuch beim Hausarzt zum Durchchecken bekam ich immer wieder aus dem Laborbericht vorgelesen, an welchen Vitaminen und Mineralstoffen es meinem Körper mangelte. Das kann ja gar nicht sein, dachte ich zuerst. Ich ernähre mich doch nicht von Fast Food! Wir kochen zu Hause mit frischen Bioprodukten. Woher soll da ein Mangel kommen? Nahrungsergänzungsmittel, so glaubte ich, brauchen nur Leute, die sich nicht bewusst ernähren. So einfach ist die Sache aber nicht, wie sich schließlich zeigte. Biolandwirtschaft kommt ohne Chemie aus und das ist die notwendige Abkehr von einem für Mensch und Umwelt gefährlichen Irrweg. Doch auch die biologische Landwirtschaft betreibt zum größten Teil intensive Bodenbearbeitung. Teilweise bearbeiten Biobauern ihre Böden sogar noch mehr als ihre Kollegen in der konventionellen Landwirtschaft, weil sie Unkraut nämlich mechanisch bekämpfen statt mit Chemie. Durch intensive Bearbeitung wird jedoch die Bodengesundheit auf Dauer ebenso zerstört wie durch den Einsatz von Chemie. Was heißt das in der Konsequenz? Bio bringt 50 Prozent auf dem Weg zur Bodengesundheit. Das ist gut so, aber es reicht nicht.

Wenn sich heute jemand Biolandwirt nennt, bedeutet das auch nicht automatisch, dass er sich mit Bodengesundheit und den dafür maßgeblichen Faktoren intensiv beschäftigt hätte. Viele Betriebe setzen einfach die Regeln diverser Verordnungen und Gütesiegel um, sei es die EU-Öko-Verordnung oder seien es die »Bioland«- oder »Demeter«-Richtlinien. Bioprodukte bringen am Markt mehr Geld, das ist ein wirtschaftlicher Anreiz für Landwirte. Anders als vor 50 Jahren ist heute längst nicht mehr jeder Biobauer ein politischer Idealist. Für die Zukunft der Landwirtschaft geht es auch überhaupt nicht um Idealismus, sondern darum, die biologischen Zusammenhänge zu verstehen, um gesunde Lebensmittel produzieren und die Ernährung der Weltbevölkerung auf Dauer sicherstellen zu können. Bio haftet heute bisweilen das Image eines Luxusprodukts für gesundheitsbewusste Besserverdienende an. Bei der Zukunft der Landwirtschaft geht es aber nicht um Luxus, sondern um unsere Existenz.

## Ziel natürliche Landwirtschaft

**Wir müssen in der Landwirtschaft in Zukunft alles vom Boden und dessen Gesundheit her denken.**

Aufgewachsen auf dem Bauernhof meiner Eltern, sollte die Landwirtschaft mein ganzes restliches Leben prägen. Dabei lag mein Fokus jedoch stets auf der Technik. Seit ich als kleiner Junge zum ersten Mal auf einem Trecker sitzen durfte, faszinierten mich Landmaschinen. Ich hätte mir zu keinem Zeitpunkt vorstellen können, als Ingenieur in der Autoindustrie oder der Luftfahrtbranche zu arbeiten. Auch als ich später ins Management wechselte und Geschäftsführer eines mittelständischen Weltmarktführers wurde, war mir wichtig, dass es weiterhin um Landtechnik ging. Obwohl ich das umfangreiche Wissen über Unternehmensführung, das ich nach einiger Zeit besaß, auch in anderen Branchen hätte anwenden können, wäre ein Wechsel für mich nie infrage gekommen. Was mich jedoch zu keiner Zeit so richtig interessierte, war die ackerbauliche Seite der Landwirtschaft. Wann gedüngt werden muss und wie viel – solche Fragen überließ ich gerne anderen. Ich dachte von der Maschine her und nicht vom Boden her.

Das hat sich für mich innerhalb der letzten zehn Jahre vollkommen gedreht. Inzwischen weiß ich, dass wir in der Landwirtschaft alles vom Boden und dessen Gesundheit her denken müssen. Wir benötigen auch weiterhin Maschinen auf den Feldern, aber weniger davon und andere als die, die wir während der letzten 100 Jahre eingesetzt haben.

**Entscheidend ist, die Natur wieder mehr das machen zu lassen, was sie in Jahrmillionen der Evolution perfektioniert hat.**

Obwohl ich mit ganzem Herzen Ingenieur bin und zeitlebens von Technik fasziniert war, gehe ich sogar noch einen Schritt weiter und bin davon überzeugt: Die Landwirtschaft der Zukunft wird im Vergleich zu heute mehr von dem bestimmt sein, was wir sein lassen, als von dem, was wir tun. Wir sollten uns von dem fatalen Irrglauben verabschieden, es besser zu wissen und zu können als die Natur. Es ist weder möglich noch nötig, unsere technische Zivilisation abzuschaffen. Aber wir müssen die Natur wieder das machen lassen, was sie in Jahrmillionen der Evolution perfektioniert hat. Wir haben heute die Macht, das komplexe Ökosystem eines gesunden Bodens zu zerstören wie eine Mega-City mit dem Abwurf einer Atombombe. Aber wir haben dem, was wir damit dann zerstört haben, nichts entgegenzusetzen, das auch nur annähernd so gut funktionieren würde. Wenn wir so weitermachen wie heute, das habe ich an einer früheren Stelle bereits erwähnt, bleiben uns nach Berechnungen der Vereinten Nationen weltweit nur noch etwas mehr als 50 Ernten. Danach werden wir wahrscheinlich auch mit noch so viel Chemie und gentechnischer Manipulation von Pflanzen keine Landwirtschaft mehr betreiben können, die in der Lage wäre, die dann rund zehn Milliarden Menschen auf der Erde zu ernähren.

**Die negative Entwicklung ist umkehrbar. Degenerierte Böden können sich regenerieren. Die Natur besitzt enorme Kraft.**

Nach dieser schlechten Nachricht folgt sofort die gute: Wir haben zwar in der modernen Landwirtschaft die Bodengesundheit schon weitgehend zerstört, doch diese Entwicklung ist umkehrbar. Überall auf der Welt sind degenerierte Böden in der Lage, sich zu regenerieren. Dafür müssen wir im Grunde nichts weiter tun, als die Natur wieder ihre Arbeit machen zu lassen. Wo die Erosion so weit fortgeschritten ist, dass wir heute schon Wüsten sehen, wo einmal fruchtbares Land war, braucht es einen Impuls durch den Menschen, um den Reparaturprozess einzuleiten. Kommt dieser dann aber einmal in Schwung, regeneriert sich das Ökosystem des Bodens aus eigener Kraft vollständig. Es ist für mich ebenso erstaunlich wie faszinierend zu beobachten, wie widerstandskräftig und regenerationsfähig die Natur ist. Und ich spreche hier nicht etwa über theoretische Annahmen, sondern über etwas, das ein neuer, »regenerativer« Ansatz in der Landwirtschaft während der letzten Jahrzehnte bereits bewiesen hat.

## Die einfachen Prinzipien der regenerativen Landwirtschaft

Einer der Pioniere der regenerativen Landwirtschaft ist der US-Landwirt Gabe Brown. Er veröffentlichte 2018 ein aufrüttelndes Buch über Bodengesundheit mit dem Titel *Dirt to Soil*. Vier Jahre später erschien es auch auf Deutsch als *Aus toten Böden wird fruchtbare Erde*. Inzwischen arbeitet Gabe Brown kaum noch auf seiner Ranch im US-Bundesstaat North Dakota. Er hat die »Soil Health Academy« gegründet, hält weltweit Vorträge und gibt Workshops. Wie kommt ein Rancher ohne jede wissenschaftliche Ausbildung zu so etwas? Die Reise von Gabe Brown begann 1994, als er bei einem guten Freund die »pfluglose Landwirtschaft« mit Direktsaat kennenlernte. Da dieser Freund auf seinem Hof sehr gute Erträge hatte, beschloss Gabe Brown, diese Methode bei sich ebenfalls auszuprobieren. Als Stadtkind und Quereinsteiger in die Landwirtschaft hing er nicht so sehr an Traditionen wie andere Farmer und Rancher. Weiter oben habe ich geschrieben, dass die US-Landwirtschaft den Schock der Dust Bowl schnell vergessen hatte und nach dem Zweiten Weltkrieg in ihrer großen Mehrheit auf industrielle Landwirtschaft mit intensiver Bodenbearbeitung und sehr viel Chemie setzte.

**Eine finanzielle Krise führte den Pionier Gabe Brown auf den Weg zu einer regenerativen Landwirtschaft ohne Chemie.**

Es gab allerdings auch einige wenige Rebellen, die den Warnschuss gehört hatten und neue Wege gingen. Der Begründer der »pfluglosen« Direktsaat-Bewegung war ein Farmer und Bodenkundler aus Ohio namens Edward Faulkner. Im Jahr 1943 schrieb er in seinem Buch *Plowman's Folly*, bisher habe noch niemand eine wissenschaftliche Begründung für das Pflügen geben können. Aus Neugier schloss sich auch Gabe Brown dieser kleinen, rebellischen Bewegung an. Obwohl er seine Böden von nun an nicht mehr intensiv bearbeitete, setzte er weiter Kunstdünger und chemische Pflanzenschutzmittel ein. Drei Jahre lang hatte er recht gute Ernten und gesundes Vieh. Dann ereilte ihn und seine Familie ein Schicksalsschlag: Schwere Unwetter richteten auf Gabe Browns Ranch verheerende Zerstörungen an. Sein Betrieb geriet dadurch in eine finanzielle Schieflage. Schließlich drehte die Bank ihm den Geldhahn zu. Gabe Brown hatte jetzt zwar noch Geld für Saatgut, doch die enorme Summe, die er wie fast jeder US-Landwirt jedes Jahr für chemische Dünge- und Pflanzenschutzmittel ausgeben musste, konnte er nicht mehr aufbringen. Aus der Not heraus suchte er nach einem Weg, wie sein Betrieb auch ohne den Einsatz teurer Chemie überleben könnte. Er las unter anderem die 200 Jahre alten Schriften von Thomas Jefferson über Bodenkunde und entdeckte auch die Veröffentlichungen von Allan Savory, der in den späten 1980er-Jahren in Zimbabwe ein Projekt zur Regeneration des Graslands ins Leben gerufen hatte.

Nach umfangreichen Studien der Literatur definierte Gabe Brown für sich schließlich einen Weg, um auch fast ohne Kapital weiter Landwirt sein zu können:

1. keine oder allenfalls minimale mechanische Bodenbearbeitung,
2. Verzicht auf Kunstdünger und chemische Schädlingsbekämpfungsmittel,
3. Schutz der Erdoberfläche – der Boden muss stets bedeckt sein,
4. Erzeugung von Artenvielfalt und Vermeiden von Monokulturen,

5. Durchwurzelung des Bodens – lebende Wurzeln so lange wie möglich im Jahr,
6. Einbindung von Tieren auf dem Feld, einschließlich Bienen und Regenwürmern.

Dann geschah das Unerwartete: Gabe Brown konnte seinen Betrieb auf diese Weise nicht nur retten, sondern seine Erträge von Jahr zu Jahr steigern. Bald waren die Erträge größer als während der besten Jahre vor der Umstellung. Schließlich wurde seine Ranch die profitabelste weit und breit. Gabe Brown hatte nicht nur bessere Ernten als andere, sondern sparte sich zudem noch die Ausgaben für Kunstdünger, Schädlingsbekämpfungsmittel und Verschleißteile der Landmaschinen zur Bodenbearbeitung. Seine Ranch wirtschaftete ganz ohne Bankkredite und war auch die einzige in der Umgebung, die ohne staatliche Subventionen klarkam.

Wer sich für die Geschichte von Gabe Brown im Detail interessiert, dem empfehle ich, sein Buch *Dirt to Soil* zu lesen. Was ein einzelner US-Landwirt sich im Selbststudium aneignete, sind heute mehr oder weniger die Prinzipien, auf die sich die weltweite Bewegung der regenerativen Landwirtschaft gründet.

## Die Natur verstehen und von ihr profitieren

**Die Wirksamkeit der Prinzipien regenerativer Landwirtschaft konnte bereits wissenschaftlich nachgewiesen werden.**

Die regenerative Landwirtschaft ist in meinen Augen der nötige nächste Schritt nach der Biolandwirtschaft. Sie ist kein bloßer modischer Trend und hat auch nichts mit Esoterik zu tun. Die Wirksamkeit ihrer Prinzipien konnte vielmehr in zahlreichen wissenschaftlichen Studien nachgewiesen werden. Auch die Ertragssteigerungen, die Gabe Brown als einer der ersten Landwirte erlebt hat, sowie die betriebswirtschaftliche Effizienz dieses Ansatzes lassen sich belegen. Eine Zusammenfassung der wichtigsten Erkenntnisse über regenerative Landwirtschaft findet sich in einer gemeinsamen Studie von Boston Consulting Group

(BCG) und Naturschutzbund Deutschland (NABU) aus dem Jahr 2023. In diesem 76-seitigen Papier mit dem Titel *Der Weg zu regenerativer Landwirtschaft in Deutschland – und darüber hinaus* heißt es auf den Punkt gebracht:

> *Regenerative Landwirtschaft beschreibt einen adaptiven Ansatz, Landwirtschaft zu betreiben, der praktisch erprobte und wissenschaftlich fundierte Maßnahmen anwendet, die sich auf die Gesundheit von Böden und Pflanzen konzentrieren, um die Ertragsresilienz zu steigern und gleichzeitig positive Auswirkungen auf Kohlenstoff- und Wasserkreisläufe sowie die Biodiversität zu schaffen.*

Die positiven Auswirkungen einer Landwirtschaft ohne Pflug und Chemieflasche auf das Klima beschreibe ich im nächsten Kapitel. Der regenerative Ansatz ist schlicht »State of the Art« der heutigen Landwirtschaft. Nach dessen Erkenntnissen gibt es kein Zurück mehr. Das Einzige, woran es dieser Idee noch mangelt, ist eine ausreichend starke politische Lobby. Warum das so ist und was wir alle tun können, um dies zu ändern, werde ich im abschließenden Kapitel dieses Buchs aufgreifen.

**Die Landwirtschaft der Zukunft setzt auf vollständig verstandene Prozesse der Natur, ohne diese zu stören.**

Regenerative Landwirtschaft verdient breite gesellschaftliche Unterstützung, damit ihre positiven Effekte auf Ernährungssicherheit, Gesundheit, Naturschutz und Klima so rasch wie möglich greifen können. Gleichzeitig ist sie sicher noch nicht der letzte Schritt zum Ziel. Bereits in dem Adjektiv »regenerativ« steckt für mich ein Element des Übergangs. Wir werden in den nächsten Jahrzehnten alle Hände voll zu tun haben, um die Schäden durch die chemisch-industrielle Landwirtschaft des 20. Jahrhunderts zu beheben und dafür zu sorgen, dass sich weltweit Böden regenerieren können. Gleichzeitig sollten wir bereits weiterdenken. Die Landwirtschaft der Zukunft kann nach meiner Überzeugung nur eine sein, bei der wir die Prozesse der Natur vollständig verstanden haben und in der Lage sind, diese Prozesse für die Erzeugung von Lebensmitteln nutzbar zu machen, ohne sie zu stören. Bis wir zu einer solchen natürlichen Landwirtschaft kommen, werden noch weitere wissenschaftliche Erkenntnisse nötig sein. Es wird auch zusätzliche technische Innovationen geben müssen. Künstliche Intelligenz und hoch entwickelte Landtechnik können zum Ziel der natürlichen Landwirtschaft beitragen. Es ist ähnlich wie in der Medizin: »Einfache« Operationen gab es bereits im Altertum. Um minimal-invasiv und damit für den Körper maximal schonend operieren zu können, braucht es Hightech und die Anwendung der heutigen wissenschaftlichen Erkenntnisse.

**Wer alles richtig macht, kann bereits nach drei bis vier Jahren wieder deutlich gesündere Böden haben.**

Während der kommenden Jahre wird es nun zunächst darauf ankommen, auf möglichst vielen Ackerflächen die ersten Schritte zu einer regenerativen Landwirtschaft zu gehen. Das Schöne daran ist, dass regenerative Landwirtschaft mit so einfachen Mitteln möglich ist und sie im Vergleich zum heute noch vorherrschenden Ansatz sogar noch viel Geld spart. Im ersten Schritt wird auf Bodenbearbeitung, Kunstdünger und Pflanzenschutzmittel verzichtet. Man braucht dann eine Sämaschine, die auf ungepflügten Böden säen kann. Diese Technik gibt es längst. Die entsprechenden Maschinen machen quasi nur einen winzigen Schlitz, lassen das Saatkorn hineinfallen und verschließen den Boden dann wieder. Danach muss dafür gesorgt werden, dass auf jedem Stück Boden immer etwas wächst – das ganze Jahr über, ohne Ausnahme. Wo nichts wächst, hat nicht nur die Erosion durch Wind und Wasser leichtes Spiel, sondern es »verhungern« auch die Mikroorganismen im Boden. Über die Frage, was man das Jahr über pflanzt und welche Randpflanzen der Resilienz eines Felds auch noch guttun könnten, kommt man automatisch zu mehr Biodiversität. Und das wären dann schon die wichtigsten Maßnahmen. Wer alles richtig macht, kann bereits nach drei bis vier Jahren wieder deutlich gesünderen Boden haben. Das ist keine Theorie, sondern lässt sich bei Vorzeigebetrieben in Augenschein nehmen.

Obwohl die Sache so einfach und zudem auch wirtschaftlich lohnend ist, gibt es im Moment noch erheblichen Widerstand dagegen. Viele Landwirte wollen von einer neuen Art der Bewirtschaftung nichts wissen und wehren sich vehement gegen die neuen Erkenntnisse. Die Lobby der alten Praxis tut ihr Bestes. Durch die Chemieindustrie finanzierte Gutachten stellen den regenerativen Weg infrage und nehmen großen Einfluss auf die Meinung der Bauern. Diese haben in ihrer Ausbildung oft auch nichts anderes gelernt als den alten Weg. Es gibt jedoch ein einzelnes Ereignis, das uns hier in den nächsten Jahren zum Umsteuern zwingen wird wie kein zweites: der vom Menschen gemachte Klimawandel.

# 3 Klima

Schreckt es uns eigentlich noch auf, wenn wir im Radio hören oder in der Zeitung lesen, dass Deutschland seine selbstgesetzten Klimaziele wahrscheinlich verfehlt? Oder haben wir uns an solche Hiobsbotschaften bereits derart gewöhnt, dass wir sie nur noch mit einem resignierten Achselzucken zur Kenntnis nehmen? In den kommenden Jahren will unser Land von Jahr zu Jahr weniger Kohlendioxid in die Atmosphäre abgeben. 2030 sollen es noch 35 Prozent der Menge von 1990 sein. Dieses Ziel wurde im Klimaschutzgesetz verankert. Laut dem Expertenrat des Umweltbundesamts sind wir allerdings längst von dem Weg abgekommen, zu dem wir uns verpflichtet haben. Bis 2030 werden wir Millionen Tonnen mehr $CO_2$ ausstoßen als gesetzlich festgeschrieben. Das ist tragisch genug. Was in der breiten Öffentlichkeit jedoch kaum bekannt ist: Selbst wenn alle 197 Staaten der Erde ihren $CO_2$-Ausstoß morgen auf null reduzieren würden, ginge der menschengemachte Klimawandel noch Jahrzehnte weiter.

**Die Klimakrise lässt sich durch weniger $CO_2$-Emissionen nicht mehr bewältigen – doch Pflanzen in gesunden Böden bringen die Lösung.**

Der Grund ist die sogenannte Legacy Load an Kohlendioxid, die $CO_2$-»Erblast« in unserer Atmosphäre. Seit 1750 sind durch fossile Brennstoffe und Industrie fast 40 Milliarden Tonnen $CO_2$ in die Atmosphäre gelangt. Doch nicht allein die Industrie trägt zum $CO_2$-Ausstoß bei, sondern auch die Landwirtschaft. Lebendiger Boden enthält große Mengen an Kohlenstoff, schließlich ist dieses Element der Baustein des Lebens. Je mehr Boden infolge unserer heutigen Form der Landwirtschaft erodiert, desto mehr Kohlenstoff wird freigesetzt und gelangt als $CO_2$ in die Atmosphäre. Der Klimawandel lässt sich allein durch eine Reduktion des Ausstoßes von Treibhausgasen nicht mehr aufhalten, dazu ist es längst zu spät. Noch so viele Solaranlagen und Elektroautos werden die Wende nicht bringen. Doch die Lösung liegt uns buchstäblich zu Füßen: Wenn es durch natürliche Landwirtschaft und Begrünung gelingt, dass Pflanzen die Legacy Load aus der

Atmosphäre holen und $CO_2$ langfristig in gesunden Böden speichern, können wir die negativen Folgen des menschengemachten Klimawandels rückgängig machen.

## Die Folgen des Wandels

Wer auf dem Land groß wird, der wird mit dem Wetter groß. Landwirte sind bei jedem Wetter draußen auf ihren Feldern oder Plantagen und bei ihren Tieren. Der Regenschirm ist eine Erfindung von Städtern. Landwirte müssen aber nicht nur wetterfest sein, sondern sich auch nach dem Wetter richten. Wann gesät werden kann und wann geerntet, hängt vom Wetter ab. Nicht zuletzt entscheidet das Wetter maßgeblich über die Qualität der Ernte. Wenn es zur Blütezeit nass und kalt ist oder es sogar noch Frost gibt, sieht es schlecht aus für die Apfelernte. In der Landwirtschaft ist man Witterungsschwankungen schon immer gewohnt. Bauern arrangieren sich mit ihnen, so gut es geht. Kein Jahr bringt dasselbe Wetter wie das vorherige. Trotzdem gibt es Konstanten über einen längeren Zeitraum, auf die nicht allein Landwirte, sondern alle Menschen sich verlassen können. Dass wir beispielsweise Mitte Januar T-Shirt-Wetter hätten oder Ende Juli eine dicke Daunenjacke aus dem Schrank holen müssten, ist hier bei uns im Norddeutschen Tiefland so gut wie ausgeschlossen. Die Summe der Wetterkonstanten an einem bestimmten Ort bezeichnet man als Klima. Da das Wetter in ganz Deutschland launisch sein kann, ist mir die Veränderung unseres Klimas trotz einiger Kapriolen lange kaum aufgefallen. Und es ist ja auch richtig, von einzelnen extremen Wetterereignissen nicht sofort auf die Veränderung des Klimas in einer Region oder sogar auf der ganzen Welt zu schließen. Was wir allerdings in Deutschland während der letzten wenigen Jahre beobachten konnten, bewegt sich weit außerhalb des Rahmens von Wetterphänomenen, die statistisch gesehen über einen längeren Zeitraum zu erwarten sind.

**Mehr starke Regenfälle einerseits, häufigere Dürren andererseits sowie mehr Wind sind deutliche Folgen des Klimawandels.**

Starkregen von einer Intensität und Dauer wie in den Sommermonaten der letzten Jahre habe ich früher hierzulande nie erlebt. Solche Wetterextreme zählen zu den bislang deutlichsten Folgen des Klimawandels bei uns in Deutschland. Auch die Flutkatastrophen in Nordrhein-Westfalen und Rheinland-Pfalz im Sommer 2021 wurden durch extreme Wetterlagen ausgelöst. Nach bereits heftigen Regenfällen über Wochen sorgten Gewitterfronten mit langanhaltendem Starkregen schließlich für wahre Sturzfluten. Häuser und Brücken stürzten ein, Straßen wurden unterspült, Gleise weggeschwemmt, Gärten, Parks und Friedhöfe zerstört. Zahlreiche Menschen kamen ums Leben, genau wie im benachbarten Belgien, das ebenfalls schwer betroffen war. Man muss hier unterscheiden zwischen den unmittelbaren Auslösern einer solchen Katastrophe und deren tieferen Ursachen. Darauf komme ich weiter unten noch zurück. Doch nicht nur im Ahrtal und in der Eifel, sondern überall in Deutschland beobachten wir in Folge des Klimawandels immer häufiger Überschwemmungen.

Neben temporär zu viel Wasser, das die Böden, Flüsse und Seen nicht mehr aufnehmen können, sind paradoxerweise größere Dürren die zweite deutlich spürbare Folge des Klimawandels in Deutschland. Über einen heißen Sommer, in dem täglich die Sonne scheint und es kaum regnet, freuen sich die Kinder, weil sie dann jeden Tag ins Freibad können. Für die Landwirte und die Waldbauern ist es dagegen ein Albtraum. Nach zwei oder drei heißen, regenarmen Sommern in Folge trocknet der Waldboden derart tief aus, dass der Regen während der Wintermonate zur Regeneration nicht mehr genügt. Die lange Trockenheit bietet dann dem holzfressenden Borkenkäfer ideale Bedingungen. In einigen Gegenden Deutschlands hat er den Fichtenbestand bereits radikal dezimiert. Als Nächstes werden sich die Käfer auch Buchen und Eichen vornehmen, die leider nicht so schnell nachwachsen wie Fichten. Wo Wald einmal zerstört ist, fällt auch dessen kühlende und sauerstoffspendende Wirkung

**Von unbedeckten Feldern mit degenerierten Böden wird die Erde einfach weggeweht oder weggespült.**

weg. So verstärken sich negative Effekte gegenseitig. Trifft extreme Dürre in der Landwirtschaft auf ökologisch bereits geschädigte Böden, kann auch noch so viel Chemie keinen guten Ertrag mehr herbeizaubern.

Größere Temperaturextreme führen schließlich auch zu mehr Wind. Das spüren nicht nur Flugpassagiere als häufigere und stärkere Turbulenzen in großer Höhe. Wer während der letzten Sommer auf der Autobahn 1 in Niedersachsen unterwegs war, konnte immer wieder in Staubstürme geraten, die zu Sichtbedingungen führten, wie man sie sonst eher im Novembernebel kennt. Ein solcher Staubsturm, wie er bereits 2011 bei Rostock zu einer Massenkarambolage auf der Autobahn mit mehreren Toten führte, ist ein Beispiel für das fatale Zusammenwirken des menschengemachten Klimawandels mit den Folgen der chemisch-industriellen Landwirtschaft. Starke Winde treffen auf unbedeckte Felder ohne Randgehölze und mit ausgetrockneten, degenerierten Böden, die nur noch wenig Humusgehalt besitzen. Ein solcher Boden – oder das, was vom gesunden Boden übriggeblieben ist – wird vom Wind weggefegt wie trockenes Herbstlaub.

Bei Regen sieht es kaum besser aus: Wenn es immer häufiger sehr stark oder sehr langanhaltend regnet, wird der Boden auch immer öfter weggespült. Dass es die Fluten im Ahrtal und in der Eifel mit gesunden Böden und ausreichender Biodiversität in der Region wohl zumindest nicht in dieser Form gegeben hätte, habe ich in einem anderen Kapitel bereits erwähnt. An dieser Stelle ist festzuhalten, dass es einen engen Zusammenhang zwischen Bodengesundheit und Klima gibt. Gesunde Böden absorbieren große Mengen sowohl an Wasser als auch Kohlendioxid. Degenerierten Böden gelingt beides nicht mehr. Dadurch verstärken sie zunächst den Klimawandel und werden schließlich durch Extremwetter infolge eben jener Klimaveränderung weggeweht und weggespült. Bevor ich auf den Zusammenhang von Bodengesundheit und Klima näher eingehe und dann auch zum Ausweg aus dem beschriebenen Dilemma komme, noch ein kurzer Blick auf den größeren Kontext des menschengemachten Klimawandels.

## Acht Milliarden Menschen hinterlassen ihren $CO_2$-Fußabdruck

Wären die Menschen Jäger und Sammler geblieben, so wie die Ureinwohner Nord- und Südamerikas oder Zentralafrikas bis in die jüngste Vergangenheit, gäbe es keinen menschengemachten Klimawandel. Neuen Schätzungen zufolge lebten vor 30 000 Jahren in ganz Europa gerade einmal 1500 Jäger und Sammler. Solche versprengten Häufchen von Menschen können bereits genug Schaden in ihrer Umwelt anrichten – aber nicht genug, um die Erdatmosphäre in ihrer Gesamtmasse von $5{,}13 \times 10^{15}$ Tonnen wesentlich und dauerhaft zu beeinflussen. Heute hat Europa mehr als 800 Millionen Einwohner. Damit sind wir nicht einmal der bevölkerungsreichste Kontinent. Weniger als zehn Prozent der Weltbevölkerung sind Europäer, dagegen rund 60 Prozent Asiaten. Insgesamt gibt es über acht Milliarden Menschen auf der Welt. Das immer schnellere Wachstum der Weltbevölkerung wäre undenkbar gewesen ohne intensive Landwirtschaft und – zum sehr viel kleineren Teil – Fischereiwirtschaft. Die Landwirtschaft nutzte immer größere Flächen des Planeten zur Gewinnung von Nahrungsmitteln.

**Fossile Rohstoffe schienen eine einfache und billige Lösung für den enormen Energiebedarf unserer Zivilisation zu sein.**

Je mehr Landwirtschaft es gab, desto mehr Menschen konnten überleben. Und je mehr Menschen überlebten, desto stärker vermehrten sie sich, was wiederum noch mehr Landwirtschaft erforderlich machte, um die nötigen Nahrungsmengen zu erzeugen. Zu Beginn der industriellen Revolution lebten etwa 750 Millionen Menschen auf der Erde. Genug, um das Großprojekt der Industrialisierung zu starten und innerhalb von nur 200 Jahren fast überall auf der Welt eine vollständig neue Lebensweise zu etablieren. Diese Lebensweise, mit ausgeprägtem Individualismus und einer auf Massenkonsum basierenden Wirtschaft, kostet bis heute vor allem viel Energie. Die Ausbeutung fossiler Rohstoffe schien dafür die einfachste und billigste Lösung zu sein. Auf die Dampfmaschine folgten der Hochofen, der Verbrennungsmotor und das Kohlekraftwerk.

Heute hinterlassen acht Milliarden Menschen ihren viel zitierten $CO_2$-Fußabdruck. Es gibt fast nichts mehr, was wir in unserer Zivilisation tun, das kein Kohlendioxid erzeugen würde. Wenn immer mehr Menschen immer mehr $CO_2$ in die Luft abgeben, erwärmt sich dadurch die Atmosphäre. Schließlich verändert sich das Klima der Erde. Dieser sogenannte Treibhauseffekt ist wissenschaftlich eindeutig nachgewiesen. Es hat keinen Sinn, den menschengemachten Klimawandel zu leugnen oder zu relativieren. Längst spüren wir die Auswirkungen auch in Deutschland. Unser Land liegt im Klima-Risiko-Index der Organisation Germanwatch auf Platz 18 aller 197 Staaten der Erde und ist vor allem durch Hitzewellen, Stürme und Hochwasser gefährdet, wie ich weiter oben bereits geschrieben habe. Trotz dieser vergleichsweise hohen Risiken sind die armen Länder der Welt am stärksten von den negativen Folgen des Klimawandels betroffen. Aufgrund unseres Wohlstands, unserer Infrastruktur und der relativ geringen Abhängigkeit unserer Gesamtwirtschaft von der landwirtschaftlichen Produktion werden wir in Deutschland die Folgen des Klimawandels möglicherweise besser bewältigen können als andere Regionen der Erde. Allerdings ist dies lediglich eine Momentaufnahme, da auf längere Sicht sowohl Verteilungskämpfe um Ressourcen als auch gigantische Fluchtwellen drohen, die dann auch uns treffen werden. Auf die politischen und gesellschaftlichen Folgen einer Landwirtschaft ohne Rücksicht auf Bodengesundheit und der dadurch mitverursachten Klimakrise werde ich im abschließenden Kapitel dieses Buchs zurückkommen.

**Die Klimakrise wird als Gefahr stark unterschätzt. Inwieweit sie die Existenz der Menschheit bedroht, ist vielen nicht klar.**

An dieser Stelle möchte ich betonen, dass der menschengemachte Klimawandel nicht eines von vielen aktuellen gesellschaftlichen Problemen oder gar ein politisches Randthema ist. In einer

INSA-Umfrage im Jahr 2024 zu den fünf drängendsten politischen Problemen der Zeit rechnete die Mehrheit der Deutschen den Klimawandel nicht dazu. Stattdessen nannten sie Inflation, Wohnraum, Rente, Migration und Energieversorgung. Dass die Klimakrise die Existenz des Menschen betrifft, scheint noch nicht allen klar geworden zu sein. Wir erleben heute Kriege, in denen es um territoriale Ansprüche oder um Glaubensüberzeugungen geht. Man muss sehen, dass wir uns als Spezies ein solches Verhalten nur erlauben können, solange es für die Mehrheit der Weltbevölkerung genügend Ressourcen gibt, vor allem ausreichend Nahrung. Bricht die Ernährungssicherheit für die Massen weg, könnten wir Kriege um die letzten verfügbaren Ressourcen erleben. Nicht umsonst ist es seit jeher die größte Sorge einer jeden Regierung, das Volk könnte hungern. Denn dann droht Anarchie.

In letzter Zeit macht der Begriff der »Polykrise« die Runde. Gemeint ist eine kausale Verflechtung mehrerer Krisen, die sich gegenseitig verstärken und zu einer rapiden Verschlechterung von Lebensbedingungen führen. Tatsächlich ist der menschengemachte Klimawandel mit einer ganzen Reihe paralleler Krisen verflochten, wie zum Beispiel der Energiekrise oder den weltweiten Flucht- und Migrationsströmen. Das Thema dieses Buchs ist Bodengesundheit, deshalb will ich mich auf den Zusammenhang von Klima und Boden konzentrieren. Was genau ist hier aus der Balance geraten? Und worin besteht die große Chance für unser Klima?

## Bodendegeneration und Klimawandel verstärken sich gegenseitig

Der Boden ist der weltgrößte Kohlenstoffspeicher. Man schätzt, dass die Atmosphäre insgesamt etwa 600 Milliarden Tonnen $CO_2$ aufnehmen könnte. Das Pflanzenreich könnte bis zu 1.100 Milliarden Tonnen speichern. Der Boden kommt auf mehr als 4000 Milliarden Tonnen. Der Boden kann also theoretisch mehr als sechsmal so viel Kohlenstoff speichern wie unsere Erdatmosphäre. Die

**Pflanzen auf Feldern der industriellen Landwirtschaft transportieren kaum noch $CO_2$ aus der Luft in den Boden.**

gesamte Legacy Load an $CO_2$ in der Atmosphäre »passt« demnach auch in unsere Böden. Dort käme sie wahrscheinlich auch wieder hin, wenn wir die Natur ihre Arbeit machen ließen. Seit Jahrhunderten geschieht jedoch das genaue Gegenteil: Aus dem Boden wird dank des Einflusses der Menschen massiv $CO_2$ in die Atmosphäre abgegeben. Nichts hat die Topografie überall auf der Welt so sehr verändert wie die Landwirtschaft. Durch Rodung riesiger Waldgebiete, durch Landwirtschaft mit dem Pflug, durch Monokulturen und die folgende Degeneration der Böden wurden schon viele Jahrhunderte vor Beginn der Industrialisierung große Mengen an $CO_2$ freigesetzt und zu einem Teil der heutigen Legacy Load. Wie bereits im ersten Kapitel beschrieben, sind die Pflanzen das Bindeglied zwischen dem Kohlenstoff in der Atmosphäre und im Boden. Eine Pflanze braucht etwa 60 Prozent des durch Photosynthese gewonnenen Kohlenstoffs für sich und ihr Wachstum und gibt die restlichen 40 Prozent über ihre Wurzeln in den Boden ab. So richtig funktioniert das aber nur mit gesunden Pflanzen in gesunden Böden, weil die Mikroorganismen bei diesem Prozess eine entscheidende Rolle spielen. Die Pflanzen auf den Feldern der chemisch-industriellen Landwirtschaft sehen zwar schön grün aus, transportieren aber kaum noch $CO_2$ aus der Luft in den Boden, weil die dafür nötigen Mikroorganismen fehlen. Die heutige Form der Landwirtschaft verschenkt also weitgehend das Potenzial der Böden, Kohlenstoff dauerhaft zu speichern.

**Seit 1970 ist weltweit ein Drittel des Mutterbodens verloren gegangen – und fehlt jetzt auch als $CO_2$-Speicher.**

Seit sich die chemisch-industrielle Landwirtschaft ab den frühen 1970er-Jahren weltweit ausdehnte, ist ein Drittel des wertvollen Mutterbodens auf unserem Planeten verloren gegangen. Ein Drittel weniger Humus bedeutet ein Drittel weniger Kapazität des Bodens, Kohlenstoff zu speichern. Kohle, Erdgas, industrielle Verbrennung und fossile Brennstoffe sind also bei Weitem nicht die einzigen Faktoren für den Treibhauseffekt. Parallel haben wir Menschen in fast unvorstellbarem Ausmaß gesunde

Böden geschädigt und damit sowohl Kohlenstoff freigesetzt als auch dessen natürliche Rückbindung durch Sequestrierung, also Absonderung und Einlagerung, eingeschränkt. Durch den Klimawandel entstehen Extremwetterlagen, die den bereits angegriffenen Böden zusätzlich schaden. Genau so war schon die Dust Bowl in den USA der 1930er-Jahre entstanden: Trockenheit und starke Winde trafen auf bereits biologisch geschwächte Böden. Damals handelte es sich noch nicht um eine Folge des Klimawandels. Extreme Wetterlagen können in unserer grundsätzlich chaotischen Atmosphäre auch durch Zufall auftreten und sind dann ein natürliches Phänomen.

Heute ist die Situation eine ganz andere: Die Böden sind nicht mehr nur in einigen wenigen Staaten mit intensiver Landwirtschaft degeneriert, sondern weltweit. Auf diese Böden treffen auch nicht mehr durch Zufall hin und wieder extreme Wetterlagen, sondern immer häufigere Wetterextreme aufgrund des Klimawandels. Könnte sich so etwas wie die verheerende Dust Bowl in anderen Teilen der Welt wiederholen? Wenn wir unsere Art der Landwirtschaft nicht bald ändern, ist das leider nicht nur eine Möglichkeit, sondern sogar ein wahrscheinliches Szenario. Allan Savory, Pionier der regenerativen Landwirtschaft in Zimbabwe und Gründer einer Nonprofit-Organisation zur weltweiten Regeneration von Graslandschaften, sagte schon vor rund zehn Jahren: »Ein massiver Tsunami, ein perfekter Sturm kommt auf uns zu.« Allan Savory ist ein optimistischer, tatkräftiger Mensch, dessen Erfolge in Zimbabwe für sich sprechen. Wie kommt er zu dieser düsteren Prognose? Der Landwirt und Aktivist kann sich ausmalen, was geschieht, wenn Bodendegeneration und Klimawandel sich immer mehr gegenseitig verstärken.

**Zwei Drittel der Böden weltweit sind auf dem Weg der Wüstenbildung. Die Wasserzyklen werden dadurch überall gestört.**

Wenn wir gesunde Böden mit Chemie behandeln und längere Zeit schutzlos dem Wetter aussetzen, sterben diese erst mikrobiologisch ab, trocknen anschließend aus und zerfallen schließlich zu Wüstenstaub. »Desertifikation« heißt dieser Prozess. Überall dort, wo ein Boden sich nicht mehr aus eigener Kraft regenerieren kann, setzt Wüstenbildung ein. Ungefähr zwei Drittel der Böden der Erde befinden sich heute im Stadium der Desertifikation, schätzt Allan Savory. Das ist dramatisch genug für unsere Lebensmittelversorgung. Hinzu kommt jedoch, dass auch Wasserkreisläufe gestört werden, wenn es nur noch trockenen Boden und keine Pflanzen mehr gibt. Pflanzen nehmen Regenwasser auf, speichern es und geben es langsam wieder an die Atmosphäre ab. Ausgetrocknete Böden werden dagegen vom Regen überflutet. Scheint später die Sonne, verdunstet das Regenwasser auch sehr schnell wieder. Dies entspricht nicht dem Rhythmus der Natur. Zwar entstehen 60 Prozent der Regenwolken über den Meeren – 40 Prozent jedoch bilden sich über dem Festland in den sogenannten kleinen Wasserzyklen. Die Wechselwirkung von Desertifikation und Wetterextremen stört die Wasserzyklen heute bereits in vielen Regionen der Welt.

## Wie sich alles umkehren lässt

Noch vor fünf Jahren waren mir die geschilderten Zusammenhänge nicht in dieser Dramatik bewusst. Heute noch treffe ich Menschen, die glauben, wir hätten da ein »Problem« mit dem Klima. Das ist reichlich untertrieben. In Wirklichkeit ist die Menschheit gerade dabei, sich die Lebensgrundlage zu entziehen. Das bittere Ende wird, wenn wir so weitermachen, nicht in einigen Jahrhunderten nahen, sondern bereits in wenigen Jahrzehnten. Beim Gedanken an meine Enkel und deren Zukunft müsste ich also eigentlich schlaflose Nächte haben. Als Ingenieur schläft man allerdings nur so lange schlecht, wie man die Lösung eines Problems nicht kennt. Ist einem die Lösung bekannt, kann man sich nachts erholen und tagsüber an die Arbeit machen. Ich schlafe meistens sehr gut, denn ich arbeite tagsüber an Technologien für die Landwirtschaft der Zukunft. Die Lösung der Klimakrise ist im Prinzip so einfach, dass sie sich schon Grundschülern in wenigen Sätzen erklären lässt. Alles, was man dazu verstehen muss, steckt auch bereits in den bisherigen Ausführungen dieses Buchs.

**Wir brauchen überall so viele Pflanzen wie möglich in gesunden Böden für den »Drawdown« – die Rückholung von $CO_2$.**

Wenn gesunde Pflanzen in gesunden Böden große Mengen an $CO_2$ aus der Atmosphäre holen und in anderer chemischer Form dauerhaft im Boden speichern können, dann brauchen wir so viele Pflanzen wie möglich auf unserem Planeten, die genau das tun. Die heutige chemisch-industrielle Landwirtschaft lässt sich problemlos innerhalb weniger Jahre auf eine regenerative und schließlich natürliche Landwirtschaft umstellen. Gabe Brown und andere Pioniere haben das längst bewiesen. Erste Erfolge zeigen sich nicht erst nach Jahrzehnten, sondern bereits nach zwei bis drei Jahren. Eine solche Landwirtschaft ist wesentlich ertragreicher als die heute praktizierte, weshalb sich die Umstellung von selbst finanziert. Dies beschreibt unter anderem das bereits zitierte gemeinsame White Paper von Boston Consulting Group und NABU. Natürliche Landwirtschaft produziert gesündere Lebensmittel für alle, wodurch längerfristig gigantische Geldsummen im Gesundheitswesen eingespart werden können. Diese stehen dann für »Reparaturmaßnahmen« an der Natur zur Verfügung. Landwirtschaft könnte bereits in einigen Jahren nicht nur $CO_2$-neutral sein, sondern sogar $CO_2$-negativ. Dies bedeutet, dass sie der Atmosphäre mehr Kohlenstoff entzieht als in sie abzugeben. Um diesen sogenannten Drawdown, das »Herunterziehen« von Kohlenstoff aus der Atmosphäre, noch zu verstärken, sollten wir unseren Planeten auch überall dort begrünen, wo dies nicht unmittelbar landwirtschaftlichen Zwecken dient. Dass sich Wüsten wieder in grüne Landschaften verwandeln lassen, habe ich bereits erwähnt und werde es weiter unten nochmals aufgreifen.

Heute sehen viele im Hinblick auf das Klima zu Recht schwarz. Sie haben resigniert und glauben nicht mehr an einen Ausweg aus der Krise. Oder sie greifen aus Verzweiflung zu drastischen Formen des Protests, so wie die »Klimakleber«. Deren Aktionen sind mehr als verständlich, setzen aber in letzter Konsequenz am falschen Ende an. Auch wenn wir sämtliche Flugzeuge am Boden lassen, alle Autos parken und deren Schlüssel wegwerfen und jedes verbliebene Kohlekraftwerk abschalten, werden wir der Klimakrise nicht mehr Herr werden können. Wir brauchen weniger eine Reduktion von Emissionen als eben den Drawdown! Mit einer neuen, natürlichen Form der Landwirtschaft und der Begrünung großer Flächen der Erde, die bereits zu Wüsten geworden sind, können wir den menschengemachten Klimawandel nicht nur stoppen, sondern sogar rückgängig machen. Und das nicht irgendwann in 100 oder 200 Jahren, sondern viel schneller.

**Bodengesundheit ist der Schlüssel zur Lösung der Klimakrise. Gesunde Böden und Pflanzen schaffen ein gesundes Klima.**

Die Bodengesundheit ist der Schlüssel zu allem. Gesunde Böden bedeuten gesunde Pflanzen. Gesunde Pflanzen bedeuten gesunde Wasserkreisläufe und schließlich ein gesundes Klima. Mit einer natürlichen Landwirtschaft können wir eine Aufwärtsspirale in Gang bringen, bei der es fast nur Gewinner gibt. Die negativen Folgen des Klimawandels mit allen ihren makroökonomischen Kosten würden eingedämmt. Verbraucher erhielten gesunde Lebensmittel zu einem günstigen Preis. Die Regeneration der Natur in den armen Ländern verhinderte eine massenhafte Flucht vor den Folgen des Klimawandels. Die einzigen möglichen Verlierer wären die Produzenten chemischer Dünge- und Pflanzenschutzmittel sowie eventuell einige Hersteller von Landmaschinen zur tiefen Bodenbearbeitung. Diese Industriezweige könnten staatliche Hilfen erhalten, um neue Geschäftsfelder zu erschließen und dadurch ihre Arbeitsplätze zu erhalten.

## Die Lösung der globalen Klimakrise ist einfach, aber nicht simpel

Die Natur in Zukunft möglichst wenig zu beeinflussen, um durch einen Drawdown von $CO_2$ das Klima wieder in einen für Menschen, Tiere und Pflanzen optimalen Zustand zu versetzen, ist eine scheinbar einfache Antwort auf ein hoch komplexes Thema. Heute tun wir oft noch das Gegenteil. Wir lassen zum Beispiel Flugzeuge aufsteigen, um Chemikalien nicht mehr nur auf die Felder zu werfen, sondern jetzt auch noch in der Atmosphäre zu verteilen. Mittels eines solchen »Geo-Engineering« versuchen wir, den Klimawandel einzudämmen – und laufen Gefahr, alles noch schlimmer zu machen. Aktionismus ist durchaus verständlich, da uns die Zeit wegläuft. Zumal die Systemtheorie Manager, Wissenschaftler und Politiker lehrt, für komplexe Probleme gäbe es nur komplexe Lösungen.

In der Netflix-Dokumentation *Kiss the Ground*, einer Verfilmung des gleichnamigen Buchs von Josh Tickell über den Zusammenhang von Boden und Klima, sagt die amerikanische Wissenschaftsjournalistin Kristin Ohlson:

> *Wenn du Menschen erzählst, dass es diese großartige Technologie gibt, die schon seit Millionen von Jahren existiert und es ermöglicht, Kohlenstoff aus der Atmosphäre zu ziehen und sicher im Boden zu speichern, und dass man diese Technologie »Pflanzen« nennt und sie mit Mikroorganismen des Bodens zusammenarbeitet, klingt das für sie zu simpel.*

**Wir dürfen biochemischen Prozessen im Boden vertrauen, auch wenn wir sie noch nicht hundertprozentig verstanden haben.**

In Wirklichkeit ist hier, wie Kristin Ohlson natürlich weiß, überhaupt nichts simpel. Das Zusammenspiel der Pflanzen und ihrer Wurzeln mit den Mikroorganismen im Boden ist biochemisch sogar so komplex, dass wir gerade erst beginnen, diese Prozesse in der Tiefe zu erforschen und zu begreifen. Weil wir Chemikalien aus dem Labor bis jetzt noch besser verstehen, können wir sie uns auch besser als Lösung vorstellen, selbst wenn es ein

Irrweg ist, sie mit Flugzeugen über den Wolken abzulassen. Auf die Regenerationsfähigkeit der Natur zu setzen, erfordert dagegen, biochemischen Prozessen zu vertrauen, die wir noch nicht hundertprozentig verstanden haben. Die Forschung macht hier allerdings gerade große Fortschritte. Wir können zwar noch nicht alles erklären, was die Natur im Boden macht. Doch für eine regenerative und schließlich natürliche Landwirtschaft gibt es neben überzeugenden praktischen Erfahrungen auch bereits eine tragfähige wissenschaftliche Grundlage.

Dazu gehören wesentlich die bereits erwähnten Erkenntnisse von Christine Jones zum von ihr entdeckten Liquid Carbon Passway (LCP). Pflanzen ziehen nicht zufällig so viel $CO_2$ aus der Luft und transportieren etwas weniger als die Hälfte davon über ihre Wurzeln in den Boden. Sondern auf diese Weise »füttern« sie Mikroorganismen, die im Gegenzug wiederum Nahrung für die Pflanzen bereitstellen. Die Mikrobiologin Dr. Kristine Nichols erklärt das im Film *Kiss the Ground* so:

> *In jeder Handvoll gesunden Bodens finden sich Mikroorganismen … Und diese Mikroorganismen verarbeiten organisches Material, das sich im Boden befindet, und bringen die Nährstoffe in eine Form, die Pflanzen benötigen.*

**Gesunde Pflanzen können den gesunkenen Humusgehalt unserer Böden zurück auf den ursprünglichen Level bringen.**

Das Geniale an den Mikroorganismen des Bodens ist nun, dass sie nicht nur aus verwelkten Blättern und toten Käfern Nahrung für die Pflanzen machen, sondern auch noch aus Gesteinsmineralen neuen Mutterboden produzieren können. An den Wurzeln von Pflanzen klebende Erdpartikel sind deshalb oft ein Zeichen für ein gesundes Bodenleben. Denn das ist frischer Humus, den die von den Wurzeln genährten Mikroorganismen an Ort und Stelle produziert haben. Wenn die Pflanzen uns also den »Gefallen« tun, unser $CO_2$ wieder aus der Atmosphäre zu ziehen, dann handelt es sich dabei quasi um ein Nebenprodukt ihrer eigenen Überlebensstrategie. Als Menschen wiederum sind wir auf gesunde Pflanzen angewiesen, da sie weitgehend die Grundlage unserer Ernährung bilden. Mit einem regenerativen Ansatz haben wir die Chance, den durch die chemisch-industrielle Landwirtschaft zwischenzeitlich von fünf auf zwei Prozent gesunkenen Humusgehalt unserer Böden wieder zurück auf den ursprünglichen Level zu bringen – und das sogar kurzfristig: Der Liquid Carbon Passway baut Humus bis zu 30-mal schneller auf als das Aufbringen von Biomasse aus Kompostierung.

Aus diesem Grund findet in der weltweiten landwirtschaftlichen Community auch gerade viel Aufklärungsarbeit zum Liquid Carbon Passway statt. Mit dem Wissen über dessen biochemische Wirkungsweise können Landwirte gezielt daran arbeiten, den Humusgehalt ihrer Böden zu steigern. Das hat für sie eine ganze Reihe handfester Vorteile, die von besserer Bodenstruktur, höherer Fähigkeit zur Wasseraufnahme des Bodens bis hin zu gesteigerter Resilienz der angebauten Pflanzen reichen. Kein Landwirt muss erst zum überzeugten Öko-Aktivisten werden, um sich am Drawdown von $CO_2$ zu beteiligen. Erst recht muss er dafür keine Opfer bringen. Im Gegenteil: Wer seine Pflanzenproduktion nach den neuesten wissenschaftlichen Erkenntnissen über regenerativen Anbau optimiert, dadurch bessere Erträge erzielt und mehr Gewinne erzielt, tut automatisch etwas für die Rettung des Klimas.

## Warum ständige Bodenbedeckung unverzichtbar ist

**Über unbedeckten Böden wird es durch Sonneneinstrahlung wärmer. Das hat direkte Auswirkungen auf das lokale Klima.**

Wer über den Zusammenhang von Bodengesundheit, Erderwärmung und Klimawandel spricht, muss auch über Bodenbedeckung sprechen. Ich möchte mich diesem Thema deshalb hier noch kurz widmen. Wie bereits beschrieben, hat die Kombination aus Monokulturen, intensiver Bodenbearbeitung und dem Unbedecktlassen der Böden über mehrere Wochen im Jahr bereits im Altertum zu Desertifikation, in der Folge dann zu Nahrungsmittelknappheit und schließlich zum Untergang ganzer Kulturen geführt. Wie sich unbedeckte Böden auf das Klima auswirken, kann jeder in einem kleinen Experiment auf dem Rasen im eigenen Garten selbst nachvollziehen. Dieser Versuch ist am eindrucksvollsten an einem Tag mit viel Sonnenschein. Man misst etwa einen Quadratmeter Boden aus und befreit ihn von allem Gras, das darauf wächst. Nun ist hier nackte Erde dem Wetter ausgesetzt, genau wie viele Millionen Hektar Ackerland überall auf der Welt zu jedem beliebigen Zeitpunkt. Misst man jetzt die Temperatur auf diesem Quadratmeter sowie auf dem umgebenden Rasen und vergleicht die Messergebisse, kann man Folgendes feststellen: Die nackte Erde wird im Laufe eines Tages mit einigen Sonnenstunden viel wärmer als der Rasen in der Umgebung. Bei hochsommerlicher Sonneneinstrahlung wird sie sogar heiß. Die Temperaturunterschiede werden sich auch in der Luft über dem nackten Boden beziehungsweise dem umgebenden Rasen zeigen, selbst wenn das auf dieser kleinen Fläche schwer zu messen ist. Tatsache ist, dass durch das Entfernen der Rasendecke das Mikroklima über diesem einen Quadratmeter Boden bereits verändert wurde. Dies wird sicher ohne Auswirkungen auf das Wetter im Garten bleiben. Anders sieht es aus, wenn nicht bloß ein Quadratmeter, sondern viele tausend Hektar Boden unbedeckt bleiben. Dann ändert sich dadurch tatsächlich das Klima einer Region. Und wenn erst einmal die Hälfte der Landmasse der Erde unbedeckt von Vegetation ist, ändert sich das Weltklima. Dieser Effekt ist heute eingetreten.

Die Menschen haben sich über unbedeckte Böden lange wenig Gedanken gemacht, auch weil der Liquid Carbon Passway nicht bekannt war. Bleibt er aus, weil es vorübergehend keine Pflanzen gibt, »verhungern« Mikroorganismen im Boden. Nach der nächsten Aussaat gibt es dann schon nicht mehr genug Bodenleben für die beschriebenen positiven Effekte. Nun haben wir während der vergangenen Jahrzehnte die Mikroorganismen sogar noch an einer zweiten Front angegriffen: Durch das Aufbringen chemischer Pestizide, Herbizide und Fungizide werden nämlich auch die »guten« Organismen zum Teil vernichtet. Das ist derselbe Effekt, den wir erleben, wenn wir Antibiotika einnehmen und damit nicht nur Krankheitserreger im Körper beseitigen, sondern auch einen Teil der »guten« Bakterien in unserem Darm. Das schwächt unser Immunsystem, deshalb kommt es nach der Einnahme von Antibiotika häufig zu Infektionen. Nicht von ungefähr gibt es den Ausdruck »chemische Keule« – die Chemie, die wir auf die Felder sprühen, kann nicht unterscheiden, ob es »gute« oder »schlechte« Mikroorganismen vor sich hat.

**Es gibt verschiedene Ansätze, Böden ständig bedeckt zu halten. Das verbessert die Bodengesundheit und hilft dem Klima.**

Zurück zu den Folgen unbedeckter Böden für das Klima. Bedeckte Böden heizen sich wie beschrieben in der Sonne weniger auf. Das wirkt sich auf die Luftmassen über den Böden aus, damit auf die lokalen Wasserzyklen und schließlich auf das örtliche Klima. In Summe beeinflussen viele ähnliche lokale Phänomene dann das Weltklima. Auch hier muss also wiederum kein Landwirt erst zum überzeugten Klimaschützer werden, um dem Klima mit seinem Landbau etwas Gutes zu tun. Es genügt, durch ständige Bodenbedeckung zu gesunden und ertragreichen Böden beizutragen, was ja in seinem ureigensten Interesse liegen sollte. Der gewünschte positive Effekt für das Klima stellt sich von selbst ein. Um Böden ständig bedeckt zu halten, gibt es verschiedene Ansätze, wie zum Beispiel die gemischte Feldfrucht- und Weidewirtschaft, wie sie Gabe Brown seit mehr als 25 Jahren auf seiner Ranch praktiziert. Mittlerweile sind auch in Deutschland über tausend Landwirte auf dem Weg zur regenerativen Landwirtschaft und vernetzen sich unter anderem über WhatsApp-Gruppen, um neue Erkenntnisse zu teilen und voneinander zu lernen.

Welchen Einfluss die Pflanzen bereits heute auf das Kohlendioxid in der Erdatmosphäre haben, zeigt eine eindrucksvolle Simulation der US-Raumfahrtbehörde NASA. Sie stellt die globale $CO_2$-Konzentration im Jahresverlauf dar. Kaum überraschend gibt es über der Nordhalbkugel, wo sich die wichtigsten Industrieländer mit ihrem starken $CO_2$-Ausstoß befinden, während der meisten Zeit des Jahres einen hohen $CO_2$-Anteil in der Luft. Doch im Mai und Juni ändert sich das Bild plötzlich. Die im Modell farblich dargestellte $CO_2$-Konzentration über der Nordhalbkugel scheint beinahe zu verschwinden. Was geschieht im Mai und Juni? Die Pflanzen wachsen überall. Felder und Wälder werden satt grün. Also läuft auch die Photosynthese auf Hochtouren und zieht riesige Mengen $CO_2$ aus der Atmosphäre. Leider ist dieser Effekt nicht von Dauer. Mit überall auf der Welt ständig bedeckten Böden wäre er es aber. Ein »grüner« Planet ist ein gesunder Planet – mit einem Klima, auf das Mensch und Tier sich in einer langen Evolution ausgerichtet haben und ohne das sie nicht ohne Weiteres überleben können.

## Die Zukunft unseres Klimas

Gerät ein Unternehmen in eine Krise, macht das Management oft denselben typischen Fehler: Es schaltet komplett in den Rettungsmodus um. Strategische Fragen scheinen plötzlich nicht mehr so wichtig zu sein. Keiner spricht mehr über Visionen und langfristige Ziele. Erst recht nimmt niemand das Wort »Investitionen« in den Mund. Dafür wird überall nach Einsparmöglichkeiten gesucht. Manchmal werden sogar Schlüsselpersonen kurzfristig entlassen. Wer im Business so agiert, verhält sich wie der Fahrer eines im Schlamm festsitzenden Geländefahrzeugs, der verzweifelt Gas gibt, obwohl die Räder längst durchdrehen. Vorwärts kommt er so nicht mehr. Das Fahrzeug gräbt sich nur immer tiefer ein. Der Fahrer muss vielmehr schauen, wo er hinwill, dort ein Seil festmachen und das Fahrzeug dann mit einer Seilwinde aus dem Schlamm ziehen.

**Es ist Zeit, in die Zukunft zu denken: Welche Chancen stecken in der Klimakrise? Wollen wir eine Erde, auf der wir aufatmen können?**

Krisen machen uns oft blind für die Zukunft. Gerade wenn wir in der Krise sind, ist es aber nötig, zu überlegen, wo wir hinwollen und wie wir dort hinkommen. Deshalb ist es auch bereits jetzt eine gute Idee, über die Klimakrise hinauszudenken. Auf was für einer Erde wollen wir und unsere Nachkommen in 50, 100 oder 150 Jahren leben? Wollen wir lediglich die negativsten Folgen des menschengemachten Klimawandels abwenden – so gut es geht, ohne an den heutigen politischen, wirtschaftlichen und gesellschaftlichen Strukturen viel ändern zu müssen? Oder wollen wir auf diesem Planeten buchstäblich ein anderes Klima erschaffen? Das chinesische Wort für »Krise« hat zwei Bedeutungen: zum einen »Gefahr« und zum anderen »Chance«.

Es ist an der Zeit, auch einmal groß zu denken und nicht nur bis zum nächsten Klimaziel der Bundesregierung. Wollen wir den »grünen« Planeten mit lebendigen Ökosystemen überall? Eine Erde, auf der wir aufatmen und uns keine Sorgen mehr über die Zukunft machen müssen? Können wir uns eine Synthese von Hightech und Künstlicher Intelligenz auf der einen Seite sowie natürlicher Vegetation und Artenvielfalt auf der anderen Seite vorstellen? Wollen wir uns zum Ziel setzen, verlorenen Regenwald zu regenerieren und ihn wieder zu einer grünen Lunge unseres Planeten zu machen? Glauben wir, dass es möglich ist, die gesamte Sahara zu begrünen? Wenn wir einmal verstanden haben, dass es dem Klima umso besser gehen wird, je mehr gesunde Böden von möglichst vielfältigen Pflanzen bedeckt sind – wie entschlossen sind wir dann als Menschheit, den Planeten entsprechend umzugestalten?

**Deutschland hat einer Initiative zum $CO_2$-Drawdown bereits 2015 zugestimmt. Jetzt brauchen wir endlich die Umsetzung.**

Bereits auf der UN-Klimakonferenz in Paris 2015 (COP 21) präsentierte das Gastgeberland Frankreich eine Initiative, die darauf zielte, durch eine neue Form der Landwirtschaft im großen Stil mit der Sequestrierung von $CO_2$ aus der Atmosphäre zu beginnen. Voraussetzung dafür sollte unter anderem der schrittweise Verzicht auf Pestizide und chemische Düngemittel sein. Insgesamt 30 der 197 Teilnehmerstaaten der COP 21, darunter Deutschland, unterstützten die französische Initiative und damit das Ziel eines biologischen Drawdowns von $CO_2$. Die drei größten Verursacher von $CO_2$-Emissionen weltweit, die USA, China und Indien, gehörten allerdings nicht zu den Unterstützern. Im Fall von China war das besonders unverständlich, denn das Land zählt zu den Pionieren einer Wiederbegrünung von Landschaften, die bereits durch Bodenerosion zerstört waren.

## China als Vorreiter groß angelegter Regeneration und Begrünung

Im Norden Chinas, südlich der Wüste Gobi, liegt das Lössplateau. Es beginnt etwa 250 Kilometer westlich von Peking und dehnt sich ungefähr 1000 Kilometer ost-westlich und 700 Kilometer nord-südlich aus. Dabei umfasst es mehrere chinesische Provinzen. Diese Landschaft gilt als Wiege der chinesischen Zivilisation, da hier vor rund 8000 Jahren erstmals Landwirtschaft betrieben wurde. Seinen Namen verdankt das Lössplateau dem Löss, einem Boden aus gelblichem Sediment, der insgesamt etwa zehn Prozent der Erdoberfläche bedeckt. Löss ist aufgrund seiner Entstehungsgeschichte als »herangewehter« Boden sehr locker und porös. Der das Lössplateau durchschneidende Gelbe Fluss hat seinen Namen vom mitgeführten Löss, der bei Regen von den Hängen gespült wird. Wenn Menschen einen solchen Boden kultivieren und beackern, ist die Gefahr besonders hoch, dass er erodiert. Durch die hier traditionell betriebene Terrassenwirtschaft konnte Erosion lange eingedämmt werden. Die Intensivierung der Landwirtschaft im 20. Jahrhundert, besonders die künstliche Bewässerung, führte dann aber zu einer zu starken Durchfeuchtung und schließlich Instabilität des Lössbodens. Das Lössplateau wurde schließlich zum am stärksten von Bodenerosion betroffenen Gebiet der Erde. Innerhalb weniger Jahrzehnte rutschten die oft jahrhunderte- oder sogar jahrtausendealten Terrassen ab. Zurück blieb eine Mondlandschaft.

**Bereits seit Jahrzehnten arbeitet China an der Wiederbegrünung riesiger Gebiete und hat dabei viele Erkenntnisse gewonnen.**

Die chinesische Regierung erkannte das Problem und begann im Jahr 1978, die bereits in unvorstellbarem Ausmaß desertifizierte Landschaft des Lössplateaus zu regenerieren. Die dabei gewonnenen

Erkenntnisse sind heute eine Blaupause für die Wiederbegrünung vieler anderer erodierten Gebiete und Wüstenlandschaften auf unserem Planeten. Allein in den 15 Jahren zwischen 1994 und 2009 wurde eine Fläche von der Größe Belgiens neu begrünt. Erstmals zeigten danach Satellitenaufnahmen das Lössplateau nicht mehr vorwiegend gelb, sondern grün. Um 1980 war die in der ökologisch völlig zerstörten Landschaft des Lössplateaus verbliebene Bevölkerung noch völlig verarmt. Bis 2020 konnten durch das Begrünungsprogramm und eine ökologisch nachhaltige, Erosion fast vollständig vermeidende Permakultur in der Landwirtschaft bereits hunderte Millionen Menschen aus der Armut befreit werden. Die Kinder einstiger Analphabeten dieser Region besuchen heute Universitäten. Regeneration hat hier nicht allein der Umwelt genützt, sondern auch den Menschen in hohem Maß Bildung und Wohlstand ermöglicht. Mit den in der Landschaft des Lössplateaus gewonnenen Erfahrungen konnte China schließlich ein noch ambitionierteres Projekt wagen: die Begrünung der Wüste Gobi.

Die Regeneration des Lössplateaus und die Begrünung der nördlich angrenzenden Wüste Gobi bilden heute zusammengenommen das Mehrgenerationenprojekt der »Grünen Mauer«. Es soll 2050 vollendet sein und kostet bis dahin etwa fünf Milliarden Euro pro Jahr. Lange Zeit war die Wüste Gobi die am schnellsten wachsende Wüste der Erde, was nicht zuletzt an den starken Winden in diesem Grenzgebiet zur Mongolei lag. Häufig trug der Wind den Wüstensand bis nach Peking – ein Phänomen, das ich auf meinen zahlreichen beruflichen Reisen nach China oft miterlebt habe. Untersuchungen zufolge gingen im Jahr 2010 über Peking noch mehr als 1 300 000 Tonnen Sandstaub nieder. Dieser stammte jedoch nicht allein aus der Wüste Gobi, sondern auch von den degenerierten Böden einer nicht nachhaltigen Landwirtschaft.

**In der chinesischen Wüste Gobi ist das Klimaprojekt »Grüne Mauer« gleichzeitig ein Entwicklungs- und Ernährungsprojekt.**

Bei der Begrünung der Wüste Gobi werden nun nicht direkt Bäume gepflanzt, sondern man wählt einen mehrstufigen Ansatz: Erst kommt Gras, dann folgen Büsche und schließlich erste

Bäume, sogenannte Pionierbäume. China ist nicht allein technologisch, sondern auch politisch am weitesten, was den Willen zur Begrünung riesiger Gebiete und die Einführung eines nachhaltigen Ackerbaus angeht. Bei den ersten Plänen zur Grünen Mauer vor über 40 Jahren spielte der Klimawandel für die chinesische Politik noch keine Rolle. Das hat sich inzwischen komplett verändert. Die Grüne Mauer ist heute genauso ein Klimaprojekt wie ein Entwicklungs- und Ernährungsprojekt. In der Wüste Gobi werden gezielt Bäume gepflanzt, die dem heutigen Klimawandel trotzen können. Erklärtes Ziel der Chinesen ist es inzwischen, dass die neu begrünten Gebiete $CO_2$ aus der Luft holen und im Boden binden. Außerdem soll das regionale Klima positiv beeinflusst werden. Man verspricht sich von der Grünen Mauer auch weniger häufiges Extremwetter, vor allem weniger Starkregen und kürzere Trockenperioden. Die Milliardeninvestition des chinesischen Staates rechnet sich wahrscheinlich schon dadurch, dass weniger Schäden durch Wetterextreme auftreten.

## Innerhalb von 20 bis 30 Jahren ist die Kehrtwende möglich

**Begrünung und natürliche Landwirtschaft weltweit können die Klimakrise beenden. Das ist keine ferne Utopie, sondern ab sofort machbar.**

Könnten die Chinesen mit einer vollständigen Aufforstung der Wüste Gobi den globalen Klimawandel zumindest bremsen? Nein, dafür ist das Projekt immer noch zu klein. Experten schätzen, dass erst eine neue Waldfläche von der Größe ganz Chinas – das Land ist etwa 27-mal so groß wie Deutschland – relevante Effekte für das Weltklima hätte. Deshalb sollten wir uns auch nicht zurücklehnen und unsere Hoffnung auf einzelne solcher Projekte setzen. Was China hier macht, ist bahnbrechend, nicht zuletzt auch im Hinblick auf die dort gewonnenen Erkenntnisse. Doch erst wenn wir überall auf der Welt Bodenerosion verhindern und eine natürliche Landwirtschaft einführen, werden wir den vom Menschen gemachten Klimawandel rückgängig machen können. Das ist jedoch keine ferne Utopie, sondern real und greifbar. John D. Lin von der gemeinnützigen

Organisation Common Land Foundation, der das Projekt in Chinas Lössplateau seit 1994 beobachtet, sagt in dem Dokumentarfilm *Kiss the Ground* sogar: »Wenn wir all das degenerierte Land auf der Erde regenerieren, können wir wieder paradiesische Verhältnisse haben.« Natürlich würde dies zunächst einmal viel Geld kosten. Doch wir müssen uns darüber im Klaren sein, dass uns die Folgen eines ungebremsten Klimawandels sehr viel teurer zu stehen kämen.

Satellitenbilder der saudi-arabischen Wüste zeigen heute hunderte grüner Kreise. Es handelt sich dabei um Felder von jeweils etwa einem Kilometer Durchmesser, von denen seit den 1970er-Jahren in dem Wüstenstaat immer mehr angelegt wurden. Das für den Anbau von Datteln oder Melonen mitten in der Wüste nötige Wasser ist sogenanntes fossiles Wasser und stammt aus tiefen Schichten der Erde. Da solch eine Bewässerung keine Lösung auf Dauer sein kann, arbeiten die Araber gerade an neuen Technologien, die zum Beispiel das Wasser aus den auf der Arabischen Halbinsel immer wieder kurzzeitig auftretenden starken Regenfällen auffangen und zwischenspeichern. Auch wenn es erst vergleichsweise zarte Pflänzchen sind, die in der arabischen Wüste gedeihen und es noch viele technische Fragen zu beantworten gibt, ist auch in dieser Region der erste Schritt zur Begrünung getan. Experten halten inzwischen sogar eine weitgehende Begrünung der Sahara für zumindest machbar, selbst wenn noch einige Voraussetzungen zur Umsetzung fehlen sollten. Eine vollständig grüne Sahara hätte ohne Zweifel einen massiv positiven Impact auf das Weltklima.

**Die eigentliche Arbeit der Regeneration macht die Natur, nicht der Mensch. Es braucht lediglich einen Anschub durch uns.**

Tatsächlich war die Sahara während der letzten 200 000 Jahre bereits dreimal für jeweils einige tausend Jahre begrünt. Das ist gesicherter Stand der heutigen Forschung. Diese Tatsache kann uns daran erinnern, worum es im Kern geht: Die Natur muss ihr gesamtes Potenzial entfalten dürfen. Die Projekte zur Begrünung in der Wüste Gobi, in Saudi-Arabien und demnächst möglicherweise auch in der Sahara klingen spektakulär. Es werden schnell

Superlative bemüht, um sie zu beschreiben. Im Wesentlichen macht hier jedoch die Natur die Arbeit und nicht der Mensch! Das dürfen wir nie vergessen. Wo Erosion oder sogar Desertifikation bereits weit fortgeschritten sind, braucht es einen Anschub durch den Menschen, damit sich Vegetation wieder fest verankern kann. Ab einem bestimmten Punkt übernimmt dann aber die Natur. So entstehen fast überall dort, wo neues Grün wächst, auch neue kleine Wasserkreisläufe, die für die Bewässerung der Pflanzen sorgen. Entscheidend werden am Ende auch gar nicht so sehr die großen, spektakulären Projekte sein. Sondern die Summe vieler kleiner Veränderungen wird den Turnaround bringen. Jeder Landwirt, der irgendwo auf der Welt seinen Betrieb auf eine regenerative und schließlich natürliche Landwirtschaft umstellt, leistet heute einen Beitrag zur Zukunft unseres Klimas.

Nach Einschätzung von Experten könnten wir innerhalb von 20 bis 30 Jahren bereits einen wesentlichen Teil des Drawdowns von $CO_2$ geschafft haben, wenn wir jetzt weltweit damit anfangen. Unseren Enkeln, deren Kindern und ihren Kindern wird schließlich auch die Entwicklung der Weltbevölkerung zu Hilfe kommen. Noch steigt sie exponentiell an, aber Bevölkerungswissenschaftler rechnen damit, dass sie nach dem Erreichen ihres Peaks aus einer Reihe von Gründen genauso schnell wieder sinken wird, wie sie in den letzten 200 Jahren gestiegen ist. Wenn wir einer wesentlich kleineren Weltbevölkerung, die naturgemäß viel weniger Ressourcen verbraucht als die heutige, weitgehend regenerierte Böden und viel mehr Grün hinterlassen, als es sich aktuell auf unserem Planeten findet, dann haben diese Generationen vielleicht wirklich die Chance, paradiesische Verhältnisse zu erleben.

# 4 Gesundheit

Hippokrates gilt als Begründer der westlichen Medizin. Der berühmte Arzt aus dem antiken Griechenland lebte um das Jahr 400 vor unserer Zeitrechnung auf der Insel Kos. Mit seinen genauen Beobachtungen und Symptombeschreibungen legte er die Grundlage für unsere neuzeitliche Heilkunde. Bekannt ist Hippokrates für den Hippokratischen Eid, einen von ihm formulierten Schwur zu ethischem Handeln gegenüber Patienten. Ebenfalls einflussreich für spätere Ärztegenerationen war seine Liste von Fragen, die ein Arzt jedem neuen Patienten stellen sollte. Eine dieser Fragen lautete: »Woher kommt das Essen, das du zu dir nimmst?« Auch ohne Laboranalysen wusste Hippokrates, dass die Herkunft unserer Lebensmittel entscheidend für unsere Gesundheit ist. Seinen Ärztekollegen riet er: »Lass deine Arznei im Mörser, wenn du deinen Patienten über das Essen heilen kannst.« Das Baumaterial für jede Zelle unseres Körpers stammt tatsächlich aus der Nahrung, wie wir heute wissen. »Der Mensch ist, was er isst«, formulierte der Philosoph Ludwig Feuerbach.

**Trotz moderner Medizin werden wir nicht gesünder. Was wir essen und wie wir es erzeugen, führt zu immer neuen Krankheiten.**

Inzwischen verfügt die Medizin über Behandlungsmöglichkeiten, von denen Hippokrates nicht einmal träumen konnte. Trotzdem werden wir nicht gesünder. Es breiten sich im Gegenteil immer neue Krankheiten aus, darunter Allergien und Autoimmunerkrankungen. Sieben von zehn US-Amerikanern leiden heute unter chronischen Krankheiten, die vor wenigen Generationen noch unbekannt waren. In ihrem Buch *What Your Food Ate* fragen der Geomorphologe Professor David Montgomery und die Biologin Anne Biklé, woran diese dramatische Zunahme chronischer Erkrankungen liegen könnte. Genetische Veränderungen sind hier ausgeschlossen, da Gene über viele Generationen stabil bleiben. Doch was haben wir im 20. Jahrhundert grundlegend verändert? »Was wir essen und wie wir es erzeugen«, stellen Montgomery und Biklé lapidar fest. Statt frischer und vollwertiger Nahrungsmittel nehmen wir nun häufig »leere« Kalorien zu uns – aus vorgefertigten Produkten voller Zucker, Salz und Fett. Um solche Produkte zu erzeugen, setzen wir jede Menge Kunstdünger und Agrochemie ein. Eine äußerst ungesunde Kombination.

## Wie wir uns krank essen

**75 Prozent der US-Amerikaner sind bereits übergewichtig und 50 Prozent sogar fettleibig, leiden also unter krankhafter Adipositas.**

Als ich Geschäftsführer des Weltmarktführers für Kartoffelerntemaschinen war, machte ich einmal im Jahr meine »Kartoffeltour«, wie ich scherzhaft sagte, um Kunden auf der ganzen Welt zu besuchen. Ich begann meist in Russland, reiste anschließend nach China und flog von dort über den Pazifik weiter nach Nordamerika. Wenn ich dann in Seattle durch das Flughafenterminal ging, fielen mir bereits die vielen stark übergewichtigen Menschen unter den US-Amerikanern auf. Ich spreche hier nicht von Männern mit Bierbauch oder Frauen mit etwas »Hüftgold«. Sondern von Erwachsenen, die sich vor Leibesfülle kaum noch bewegen konnten. Einige torkelten mehr durch die Ankunftshalle, als dass sie liefen. Mehr als einmal sah ich Menschen, die anscheinend zu fettleibig waren, um noch selbst gehen zu können. Sie wurden in Rollstühlen geschoben. Nirgendwo sonst auf der Welt konnte ich etwas Vergleichbares beobachten, weder in Osteuropa noch in Asien oder Südamerika. Ein Blick auf die Statistik stützt meine Beobachtung: Danach sind 75 Prozent der US-Amerikaner übergewichtig. 50 Prozent sind sogar fettleibig, leiden also nach Definition der Weltgesundheitsorganisation unter krankhafter Adipositas.

Auf meiner Kartoffeltour machte ich nun zunächst einen Abstecher nach Kanada, wo vor allem in der Provinz Alberta große Mengen an Kartoffeln angebaut werden. Anschließend blieb ich für mehrere Tage in den USA. Hier stand natürlich Idaho auf dem Programm, das in Amerika nicht von ungefähr den Beinamen »Potato State« trägt. Die meisten übrigen US-Bundesstaaten, die im größeren Stil Kartoffelanbau betreiben, liegen auf demselben Breitengrad. Es handelt sich hier fast ausnahmslos um Regionen abseits der großen Städte. Die Landschaft ist teilweise reizvoll, trotzdem hielt sich meine Vorfreude auf den USA-Teil der Reise immer in engen Grenzen. Ich wusste nämlich, was es hier zu essen gab und wie es mir bekommen würde.

Fast alle Hotels in ländlichen Regionen der USA servieren zum Frühstück hauptsächlich Toast aus Weißmehl. Da ist das Wertvolle aus dem Korn schon mal weg. Vollkornbrot oder Körnerbrötchen sucht man vergebens. Ungetoastet ist das Toastbrot labberig und riecht unnatürlich, da es voller Konservierungsstoffe ist. Auf den fertigen Toast kommt dann entweder Marmelade oder Honig, also vor allem Zucker. Alternativ steigt man gleich auf Waffeln um, die aus überzuckertem Teig bestehen und dann noch ein süßes Topping bekommen. Wer mag, kann sich künstlich aussehendes Rührei nehmen, das die Küche pfannenfertig geliefert bekommt. Oder kleine Würstchen mit einer Konsistenz, bei der man sich fragt, wie viel Fleisch sie wohl enthalten. Ich verzichte da lieber. Ein Korb mit Äpfeln zum Mitnehmen ist meistens die einzige Erinnerung an ein gesundes Frühstück.

**US-Rinder werden in gigantischen Mastanlagen ohne einen Grashalm am Boden gehalten und bekommen Silofutter.**

Das Mittagessen mit Geschäftspartnern findet dann oft bei McDonald's, Burger King oder Kentucky Fried Chicken statt. Etwas anderes als Fast Food müsste man auch lange suchen. Geht es abends doch mal in ein »richtiges« Restaurant, gibt es dort typischerweise Steak und Salat. Wenn man allerdings einmal gesehen hat, wie amerikanische Rinder in gigantischen »Feedlots« – Mastanlagen unter freiem Himmel ohne einen Grashalm am Boden – gehalten und mit einer Mischung aus Silofutter und Proteinkonzentrat gemästet werden, macht einem das nicht unbedingt Appetit auf Steaks. Bereits nach ein paar Tagen in den USA spürte ich immer, wie mein Energielevel deutlich absank.

Was ich auf meinen Reisen erlebte, gewährt Einblick in die Ernährungsgewohnheiten des Durchschnittsamerikaners. Natürlich gibt es auch die exquisiten Restaurants in New York oder die innovative Food-Szene in Kalifornien. Doch das sind Ausnahmen, die überhaupt nicht repräsentativ sind für das Land. Die meisten der 50 Bundesstaaten kennen Deutsche ohnehin nur vom Hörensagen: Wyoming, South Dakota, Nebraska, Kansas, Iowa oder Oklahoma – wer war dort jemals? Abseits der Millionenstädte lebt hier jedoch die große Mehrheit der US-Amerikaner. Diese Mehrheit zählt nicht von ungefähr zu den übergewichtigsten Menschen der Welt. Kaum jemand macht sich noch zu Hause sein Frühstück. Man fährt stattdessen auf dem Weg zur Arbeit beim »Drive-thru« einer Fast-Food-Kette vorbei und frühstückt im Auto. Mittags und abends geht es dann oft weiter mit Fast Food. Kann eine solche Ernährungsweise ohne Folgen bleiben? In den USA wird inzwischen mehr Geld für medizinische Behandlungen ausgegeben als für Lebensmittel. Die Kosten für das Gesundheitswesen liegen bei rund 11 000 Dollar pro Kopf und Jahr. Das ist Weltrekord.

## Effizienzsteigerung und Gewinnmaximierung statt Gesundheit

**Wir haben uns die USA zum Vorbild genommen und essen immer öfter vorgefertigte Produkte, die viel Weißmehl und Zucker enthalten.**

Wir hier in Europa könnten jetzt die Schultern zucken und sagen: Was interessieren uns die USA? Sollen die Amerikaner sich doch krank essen, wenn ihr Fast Food sie glücklich macht und sie jede Erkenntnis über gesunde Ernährung in den Wind schlagen. Aber so einfach ist das nicht. Die USA sind zuerst aus zwei Weltkriegen und schließlich auch aus dem Kalten Krieg als die großen Sieger hervorgegangen. Dadurch konnten sie zur Weltmacht Nummer eins aufsteigen. Seit Jahrzehnten dominiert Amerika nun den Rest der Welt militärisch, wirtschaftlich, wissenschaftlich und kulturell. Das zeigt sich nicht zuletzt in den fast 37 000 McDonald's-Filialen in 120 Ländern der Erde. Gemessen am Umsatz zählt McDonald's zu den 250 größten Unternehmen der Welt. Auch unsere deutschen Bürohochhäuser und Autobahnkreuze, Flughäfen und Freizeitparks, Supermärkte und Shoppingcenter gäbe es nicht ohne entsprechende Vorbilder in den USA. Wir organisieren große produzierende Unternehmen oder Handelsketten mit ihren Filialnetzen so, wie es uns die USA vorgemacht haben. Dasselbe gilt für unser Online-Shopping, das Streaming von Musik und Filmen oder auch die Kommerzialisierung des Sports. Da sollte es nicht überraschen, dass wir uns bei landwirtschaftlicher Produktion, Lebensmittelerzeugung und Ernährung ebenfalls an amerikanischen Vorbildern orientiert haben. Vieles, was von Nordamerika aus seinen Siegeszug um die Welt angetreten hat, haben die USA zwar nicht erfunden – vom Flugzeug bis zum Computer stammen die meisten Erfindungen sogar aus Europa. Doch die Amerikaner haben alles stets perfektioniert, rationalisiert und zu einem profitablen Business gemacht. Das gilt auch für die industrielle Landwirtschaft und unsere heute übliche Ernährungsweise, die immer stärker auf vorgefertigte Produkte setzt.

Längst frühstücken auch in Deutschland nicht mehr alle Menschen zu Hause. Fertig belegte Brötchen sind während der letzten Jahre bei den Bäckerketten zum Renner geworden. Diese Brötchen werden auch nicht länger vor Ort frisch gebacken, sondern vorgefertigt geliefert und in den Filialen nur noch aufgebacken. An fünf frischen Brötchen in der Tüte verdient ein Bäcker nicht viel, aber fertig belegte Brötchen haben eine enorme Gewinnspanne. Und genau dieser Gewinn führt auf die Spur dessen, worum es beim amerikanischen Vorbild eigentlich geht: Effizienzsteigerung und Gewinnmaximierung. Im Grunde genommen ist es überhaupt nichts typisch Amerikanisches, das heute die halbe Welt dominiert. Sondern es ist das Prinzip der Effizienz im Dienste der Gewinnsteigerung. Mit 30 Bäckerfilialen lässt sich aufgrund entsprechender Einkaufskonditionen und effizienzoptimierter Prozesse pro Brötchen viel mehr Gewinn machen als mit einer einzelnen Bäckerei.

**Trotz Bio-, Health- und Fitnesstrends gibt es immer noch keine konsequente Rückbesinnung auf gesundes Essen.**

Doch was, wenn unsere Gesundheit beim Streben nach Gewinn auf der Strecke bleibt? Der Stamm der Cree erinnerte die weißen Amerikaner in ihrer berühmten Weissagung schon vor 150 Jahren daran, »dass man Geld nicht essen kann«. Was ich in den USA heute beobachte, ist die Ausrichtung von Landwirtschaft und Lebensmittelerzeugung fast ausschließlich auf Effizienz und Gewinn. Anders als bei uns gibt es in Amerika auch erst eine winzige Gegenbewegung, die sich für gesunde, nachhaltige Lebensmittel einsetzt. Doch selbst hier in Deutschland ist es trotz der Öko-Bewegung und aller Health- und Fitnesstrends bisher noch nicht zu einer konsequenten Rückbesinnung auf gesundes Essen gekommen. Nach einer aktuellen Studie, die vom Robert-Koch-Institut veröffentlicht wurde, sind daher auch bei uns 53,5 Prozent der Bevölkerung übergewichtig (46,6 Prozent der Frauen und 60,5 Prozent der Männer). Bei 19,0 Prozent der deutschen Erwachsenen liegt krankhafte Adipositas vor. Diese Zahlen sind noch nicht ganz so dramatisch wie in den USA. Besorgniserregend ist jedoch auch bei uns ein starker Anstieg der Zahl der Kinder mit extremem Übergewicht. Studien verzeichnen hier ein Plus von über 20 Prozent innerhalb weniger Jahre.

Im siebten Kapitel dieses Buchs werde ich der Frage nachgehen, ob eine kapitalistische Wirtschaftsweise und ein gesunder Lebensstil sich grundsätzlich ausschließen oder ob es vielleicht auch möglich ist, die Vorteile der Marktwirtschaft mit einer konsequenten Gesundheitsvorsorge zu kombinieren. Zunächst geht es aber darum, warum Hippokrates recht hatte und wir bei unserer Gesundheit mehr auf den Teller als in den Medizinschrank schauen sollten.

**Unsere Lebensmittel enthalten heute weniger Nährstoffe und dafür mehr Rückstände von Chemie aus der Landwirtschaft.**

Zwar lernt eigentlich jedes Kind, dass es ungesund ist, sich hauptsächlich von Süßigkeiten, Limonade und Chips zu ernähren. Doch in welchem Maß die Beschaffenheit unserer Nahrung unsere Gesundheit beeinflusst, scheint im Bewusstsein der breiten Bevölkerung noch längst nicht angekommen zu sein. Dabei gibt es wissenschaftliche Erkenntnisse, die uns aufrütteln sollten.

So zitieren zum Beispiel Montgomery und Biklé Studien, nach denen mindestens die Hälfte, möglicherweise sogar drei Viertel aller Krebserkrankungen auf eine falsche oder mit Schadstoffen belastete Ernährung zurückzuführen sind. Auf der anderen Seite können Anthropologen belegen, wie gesund die Jäger und Sammler vor 50 000 Jahren waren. Karies und Paradontitis beispielsweise kannten sie praktisch nicht. Alle hatten gute Zähne. Leider wäre es jedoch heute nicht mehr damit getan, wenn wir etwas mehr Obst und Gemüse essen würden. Denn unser Speiseplan ist lediglich ein Teil des Problems. Der andere Teil ist, wie unsere Lebensmittel erzeugt werden. Inzwischen enthalten sie immer weniger Inhaltsstoffe, insbesondere Mikronährstoffe, die für unsere Gesunderhaltung wichtig sind – und dafür immer mehr Spuren gesundheitsschädlicher Chemie aus der Landwirtschaft. Wir müssen endlich erkennen, dass unsere Gesundheit auf den Feldern beginnt und nicht in den Arztpraxen.

## Wenn das Essen zwar satt macht, aber auch krank

Ungesunde Ernährung dürfte im 20. Jahrhundert durch die Ausbreitung der industriellen Landwirtschaft in vielen Ländern zur Krankheitsursache Nummer eins geworden sein. Der Irrweg beginnt jedoch schon viel früher. Das zeigt die Geschichte vom weißen Reis. In seiner natürlichen Form besitzt Reis ein weißes Stärkekorn, das von Kleie, dem Keimling und einer Proteinschicht umschlossen ist. In dieser Hülle stecken Vitamine, Mineralstoffe, ungesättigte Fettsäuren und Ballaststoffe. Bereits im alten China wurde der Reis jedoch geschält, um ein schöneres Aussehen und einen milderen Geschmack zu erzielen. Dieser Prozess war aufwendig, deshalb galt weißer Reis als Luxusgut. Mit dem Beginn der Industrialisierung machten große Mühlen dieses einstige Luxusprodukt für die Massen erschwinglich. Weißer Reis wurde schließlich überall auf der Welt zum Standard. Brauner Naturreis galt von nun an als minderwertig und unappetitlich. Hinzu kam, dass weißer Reis länger haltbar ist und sich leichter transportieren lässt. Die Hülle verdirbt nämlich aufgrund ihres Fettgehalts schneller. Sobald es bei der Lebensmittelproduktion zunehmend um Effizienz- und Gewinnoptimierung ging, konnte der weiße Reis also doppelt punkten: Er war das unkompliziertere Erzeugnis und ließ sich gleichzeitig als »luxuriöses« Produkt teurer verkaufen. Wäre die Gesundheit des Menschen der Maßstab gewesen, hätte man den braunen Reis als das in Wirklichkeit höherwertige Erzeugnis erkennen müssen.

**Ein Tierversuch zeigte schon vor 100 Jahren, wie wenig nahrhaft weißer Reis im Vergleich zu braunem Naturreis ist.**

Einer der Pioniere der Erforschung des Zusammenhangs zwischen Ernährung und Gesundheit war der in Nordirland geborene Arzt Sir Robert McCarrison (1878–1960). Wie wenig weißer Reis zu einer gesunden Ernährung beiträgt, demonstrierte er unter anderem durch ein Experiment mit Tauben. McCarrison fütterte die Tiere ausschließlich mit selbst geschältem weißem Reis. Nach einiger Zeit zeigten seine Tauben erschreckende Symptome von Beriberi, einer Erkrankung der Nerven, der Muskulatur und des Herz-Kreislauf-Systems. Sie waren kurz davor zu verenden. An diesem Punkt fütterte McCarrison sie mit den Schalen der Reiskörner, die er zu diesem Zweck aufbewahrt hatte. Innerhalb von Stunden erholten sich die Tauben und zeigten anschließend keine Krankheitssymptome mehr. McCarrison verglich auch die Regionen in Indien, in denen weißer Reis gegessen wurde, mit denen, wo brauner Reis üblich war. Er stelle fest, dass Beriberi-Erkrankungen dort zehn Mal seltener vorkamen, wo man braunen Naturreis bevorzugte.

Was für den Reis gilt, das gilt ähnlich auch für den Weizen und anderes Korn. Das ganze Korn ist voller Vitamine, Mineralien und Ballaststoffe. Dem Weißmehl sind alle diese für die menschliche Gesundheit wertvollen Inhaltsstoffe entzogen worden. Deshalb ist der Toast, den es in den USA üblicherweise zum Frühstück gibt, schon mal an sich keine gute Wahl. Kommt dann noch Marmelade mit 55 Prozent raffiniertem Zucker obendrauf, erhält der Körper kaum noch etwas von dem, was er zu einem gesunden

Start in den Tag braucht. Weißer Reis und Weißmehlprodukte liefern viele Kalorien, aber zu wenige Nährstoffe. Der Mensch überlebt zwar mit einer Ernährung, die stark auf solche Produkte setzt, aber er wird chronisch krank. Schlappheit und Heißhunger trotz ausreichender Kalorienzufuhr sind häufig die ersten Symptome eines krankhaften Mangels.

**Die Evolution hat unseren Körper vor allem auf frische pflanzliche Produkte direkt aus der Natur abgestimmt.**

Worin wir uns im Hinblick auf den Speiseplan am meisten von unseren Jäger-und-Sammler-Vorfahren unterscheiden, ist jedoch nicht unsere Vorliebe für weißen Reis, Toastbrot und Waffeln. Sondern es ist die geringe Menge an frischem Obst und Gemüse, die wir heute zu uns nehmen. Die Menschen der Urzeit waren nicht etwa die meiste Zeit auf Mammutjagd, wie es heute in Cartoons dargestellt wird. Fleisch gab es in Wirklichkeit nur relativ selten zu essen. Zum größten Teil bestand die Ernährung der Urmenschen aus frischen Früchten und essbaren Wurzeln, die seit der Beherrschung des Feuers auch gekocht wurden. Was man tagsüber sammelte, wurde meist noch am selben Tag verzehrt. Auf diese frische Nahrung direkt aus der Natur hat die Evolution den menschlichen Körper über viele Jahrtausende ausgerichtet. Wenn wir die ersten Vertreter der Gattung Mensch, wie den Homo erectus oder den Homo rudolfensis, mit einbeziehen, dann sind es sogar Millionen von Jahren.

Spätestens seit der Erfindung des Pflugs vor rund 5000 Jahren glauben wir nun, uns auch anders ernähren zu können. Doch da spielt die Natur nicht mit. Seitdem werden wir von unserem Essen zwar noch satt, aber immer öfter auch krank. Wie wenig die moderne Ernährung die Grundbedürfnisse unseres Körpers an Vitaminen, Mineralien und anderen Mikronährstoffen stillt, wurde in England bereits in den 1930er-Jahren umfassend erforscht. Wider besseres Wissen ernähren sich Menschen trotzdem bis heute weiter ungesund. Dies ist im Wesentlichen darauf zurückzuführen, dass wir überall auf der Welt und ungeachtet der politischen Systeme der Ökonomie Vorrang vor der Gesundheit eingeräumt haben. Hier braucht niemandem ein böser Wille unterstellt zu werden. Es ist schlicht und einfach eine falsche Prioritätensetzung, zumal die gesamtgesellschaftlichen Kosten einer chronisch kranken Bevölkerung in Relation zu dem durch die industrielle Landwirtschaft erzielten Wirtschaftswachstum gesetzt werden müssen.

## Gesundheit ernten

**Ein Apfel vom Discounter enthält nur noch einen Bruchteil der Nährstoffe eines Apfels von einem Markt vor 150 Jahren.**

»Esst mehr Obst«, stand in den 1950er-Jahren auf braunen Papiertüten, in die auf den Wochenmärkten Äpfel oder Birnen gefüllt wurden. Dass frisches Obst gesünder ist als Zuckerwatte, wusste man bereits zur Zeit von Nierentisch und Petticoat. Das englische Sprichwort »An apple a day keeps the doctor away« lässt sich sogar schon um 1850 zum ersten Mal nachweisen. Meine Familie legt deshalb auch schon sehr lange Wert auf eine ausgewogene Ernährung mit frischen Produkten. Dass mir mein Hausarzt trotzdem nach jeder Blutabnahme und Laboruntersuchung zeigte, an welchen lebenswichtigen Vitaminen und Mineralstoffen es meinem Körper mangelte, habe ich in einem früheren Kapitel bereits erwähnt. Getreu dem Prinzip der Reparaturmedizin werden in einem solchen Fall meist einfach Tabletten verordnet, um fehlende Stoffe wie Magnesium, Zink oder Eisen zu »substituieren«, wie es im Arztdeutsch heißt. Tabletten zu schlucken kann jedoch auf die Dauer keine Lösung sein. Mir war lange Zeit nicht bewusst, dass bei meiner Ernährung trotz des größten Bemühens um ausreichend Obst und Gemüse etwas grundsätzlich schieflief. Ich hätte mich schon früher mit Hippokrates fragen sollen: »Wo kommt dein Essen her?« Denn wenn ich im 21. Jahrhundert beim Discounter einen Apfel kaufe, egal ob bio oder nicht, dann enthält dieser nur noch einen Bruchteil der Nährstoffe eines Apfels, wie man ihn um 1850 auf einem Bauernmarkt bekam. Mittlerweile müsste man jeden Tag sehr viele Äpfel essen, um den Doktor auf Distanz zu halten. Eigentlich ist es kaum noch zu schaffen.

Sofern wir nicht durch falsche Ernährung immer kränker werden wollen, müssen wir also noch mehr tun, als unseren Speiseplan umzustellen. Wir müssen das Thema buchstäblich bei der Wurzel packen – bei den Wurzeln der Pflanzen auf den Feldern. Nur über diese Wurzeln können mehr Nährstoffe in unser Essen kommen. Das wiederum gelingt erst, wenn Pflanzen wieder in lebendigen Böden wachsen und wir auf Kunstdünger verzichten. Die chemischen Düngemittel lassen Pflanzen zwar schnell und selbst in ausgelaugten Böden noch sprießen. Dieses erzwungene Wachstum beraubt sie aber gleichzeitig ihrer natürlichen Widerstandskraft gegen Schädlinge. Dadurch wird das Sprühen von immer mehr Chemie auf den Feldern nötig – und das kann uns auf lange Sicht krank machen.

**Eine erst regenerative, dann natürliche Landwirtschaft könnte in Zukunft sehr viele Krankheiten vermeiden helfen.**

Grundsätzlich haben wir also die Wahl, ob wir Gesundheit ernten wollen oder Krankheit. Diese Option besteht bloß nicht mehr lange, da uns aufgrund des Klimawandels und der fortscheitenden Desertifikation der Böden die Zeit wegrennt. Noch haben wir die Chance, den Irrweg einer Nahrungsmittelproduktion im Dienste wirtschaftlicher Gewinne auf Kosten der Gesundheit zu verlassen. Eine zunächst regenerative und schließlich natürliche Landwirtschaft kann vermutlich mehr Krankheiten vermeiden, als wir uns das heute vorstellen können.

Um das in der Tiefe zu verstehen, dürfen wir uns noch einmal vor Augen führen, in welch einzigartige Symbiose die Evolution Menschen und Tiere mit der Pflanzenwelt und den Mikroorganismen gebracht hat. Symbiose bedeutet Koexistenz zwischen unterschiedlichen Lebensformen zum Vorteil aller Beteiligten. Alles Leben auf der Erde ist so komplex miteinander verflochten, dass wir bis heute noch längst nicht alle biologischen Zusammenhänge erforschen konnten. Immerhin kennen wir vieles,

In genialen Symbiosen transportiert die Natur chemische Elemente stets genau dorthin, wo sie gerade gebraucht werden.

was Pflanzenreich, Tierwelt und die Sphäre des Menschen miteinander verbindet. So benötigen sämtliche Lebewesen Energie aus der Sonne, sei es direkt oder in gespeicherter Form. Auch gibt es eine Fülle von Mineralien, die sich sowohl in Pflanzen als auch bei Tieren und im menschlichen Körper finden.

Man kann sich die Natur wie einen einzigen großen Recyclinghof vorstellen. Wenn ein Baum seine Blätter verliert und diese verwelken, dann landen in ihnen enthaltene chemische Elemente über kurz oder lang wieder in anderen Lebensformen. Das Gleiche gilt für eine tote Feldmaus, deren Körper verwest. Im Mäusekörper enthaltene Elemente wie Kalium oder Phosphor verschwinden nicht einfach spurlos, sondern werden über das Bodenleben dorthin transportiert, wo sie wieder gebraucht werden, um andere Organismen am Leben zu erhalten. Es ist ein bisschen wie beim Geld, das im Wirtschaftskreislauf stets zu anderen Subjekten wandert – wenn auch nicht immer dorthin, wo es am meisten gebraucht wird. In genialen Symbiosen sorgt die Natur aber tatsächlich dafür, dass chemische Elemente immer wieder genau bei den Lebewesen landen, die sie gerade benötigen. Welche entscheidende Rolle die Mikroorganismen hierbei spielen, habe ich in einem früheren Kapitel bereits ausgeführt. Mikroorganismen bringen Nährstoffe in die Pflanze. Über die Pflanze als Nahrung kommen sie anschließend in den menschlichen Organismus. Manchmal gibt es hier noch den Umweg über das Tier, denn auch wenn wir zum Beispiel Käse essen, nehmen wir Stoffe auf, die aus Pflanzen – der Nahrung der Tiere – und letztlich dem Boden stammen.

Im Grunde genommen essen nicht wir einen Apfel oder eine Möhre, sondern die Bakterien in unserem Verdauungstrakt.

## Ohne Bodenleben fehlt unserer Gesundheit die Grundlage

Die Wissenschaft hat sehr lange gebraucht, um zu erkennen, dass in intakten Böden genau die gleiche Vielfalt an Mikroben existiert wie im menschlichen Verdauungstrakt. Auch das zeigt, wie eng wir mit allem anderen

Leben auf der Erde verflochten sind. Tatsächlich haben wir sogar mehr Bakterien im Körper als humane Zellen. Dr. Mark Hyman, Direktor des Cleveland Center für Funktionale Medizin, drückt es in dem Film *Kiss the Ground* so aus: »Wir sind ungefähr zu einem Prozent Menschen und zu 99 Prozent Mikroorganismen.« Ohne diese Mikroorganismen könnten wir uns überhaupt nicht ernähren. Denn über das Kauen und die Vorverdauung im Mund tragen wir bewusst und willentlich nur den kleineren Teil zur Versorgung unseres Körpers mit Nährstoffen bei. Danach übernehmen hauptsächlich Mikroorganismen. Im Grunde genommen essen nicht wir einen Apfel oder eine Möhre, sondern die Bakterien in unserem Verdauungstrakt tun das. Erst das, was die Bakterien im Darm als Ergebnis ihres Verarbeitungsprozesses wiederum freisetzen, kann über das Blut in unsere Körperzellen gelangen. Ohne Mikroorganismen gibt es also keine Verdauung. Im Boden findet ein ganz ähnlicher Prozess statt: Die Pflanzen holen sich ihre Nahrung nicht direkt aus dem Erdreich, sondern bekommen sie ebenfalls über die Aktivität von Mikroorganismen zugeführt. Diese Mikroorganismen sind über bestimmte Säuren, die sie ausscheiden, sogar in der Lage, Gesteinsmaterial langsam zu zerlegen und die darin enthaltenen Mineralien transportierbar und pflanzenverfügbar zu machen. Wir Menschen sind also in letzter Konsequenz auf intakte Böden angewiesen, um an die für unsere Gesundheit notwendigen Nährstoffe zu gelangen. Mikroorganismen im Boden bringen sie in die Pflanze und Mikroorganismen im Darm schließlich in unseren Körper.

**Wenn wir das Bodenleben angreifen, dann greifen wir in letzter Konsequenz unsere eigene Gesundheit an.**

Greifen wir das Bodenleben zunächst mit intensiver Bodenbearbeitung und dann noch einmal mit giftiger Chemie an, entziehen wir am Ende unserer eigenen Gesundheit die Grundlage. Bisher kann kein Medikament und kein Nahrungsergänzungsmittel aus dem Labor die einzigartige Nährstoffkombination ersetzen, auf welche die Evolution unseren Körper in der Symbiose mit Pflanzen und Mikroorganismen abgestimmt hat. Man könnte hier auch noch weiter zuspitzen: Tote Böden bringen auch uns Menschen irgendwann den Tod. Leider sind wir gerade dabei, das Bodenleben in nie gekannter Weise auszulöschen. Wir verteilen heute weltweit pro Jahr rund vier Millionen Tonnen an Pestiziden auf den Feldern. Und es werden immer mehr: Im Jahr 2022 wurden 80 Prozent mehr Pestizide verbraucht als noch 1990. Wenn wir aber die Böden in aller Welt in diesem Ausmaß mit Chemikalien besprühen, wird von den Mikroorganismen, die wir aufgrund unserer Symbiose mit der Natur für unsere Gesundheit dringend brauchen, irgendwann kaum noch etwas übrig sein.

Dabei ist die Zerstörung des Bodenlebens nur die eine Folge der Chemikalien in der Natur. Wie bereits erwähnt, gehen von Pestiziden – die wir heute übrigens nicht mehr allein in der landwirtschaftlichen Produktion, sondern auch in Gärten und Parks, auf Fußballfeldern und Golfplätzen einsetzen – unmittelbare wie mittelbare Gefahren für unsere Gesundheit aus. Die unmittelbare Gefährdung durch Kontakt mit den Chemikalien betrifft zunächst einmal die Menschen, die bei ihrer Arbeit damit umgehen, also vor allem die Beschäftigten in der Landwirtschaft. Langfristig noch viel bedenklicher sind jedoch die mittelbaren gesundheitlichen Folgen durch Rückstände, die unbeabsichtigt in unsere Nahrungskette gelangen. Gesundheitsexperten in den USA, wo besonders viele Pestizide zum Einsatz kommen, sprechen hier mittlerweile von einer »stillen Pandemie«.

**Rückstände zahlreicher Pestizide lassen sich heute in fast jedem Körper eines Kindes oder Erwachsenen nachweisen.**

Eine Untersuchung von einigen hundert Kindern aus einer öffentlichen Grundschule in Seattle zeigte zum Beispiel, dass bei 99 Prozent von ihnen Rückstände mindestens eines Pestizids im Urin nachweisbar waren. Bei 65 Prozent der Kinder fielen zwei oder mehr Substanzen auf. Die höchste Belastung mit Rückständen von Pestiziden hatte der Urin derjenigen Kinder, deren Eltern auch im eigenen Garten Pestizide einsetzten. Aufschlussreich ist hier eine Vergleichsstudie mit anderen Kindern, die ebenfalls in Seattle eine Montessorischule besuchten. Diese

Kinder bekamen sowohl in der Schule als auch in ihren Elternhäusern viele Nahrungsmittel aus biologischer Landwirtschaft. »Organic food«, wie das in Nordamerika heißt. Im Urin dieser Kinder fanden sich teilweise nur zehn Prozent der Rückstände von Pestiziden wie bei den Proben der Kinder aus der öffentlichen Schule.

Pestizide lagern sich jedoch nicht allein bei Kindern im Körper ab. Bei einer Studie mit 1000 repräsentativ ausgewählten Erwachsenen in den USA waren nur bei 20 von ihnen keine Rückstände von Pestiziden nachweisbar. Bei mehr als der Hälfte der Probanden fanden sich dagegen mindestens sechs verschiedene Substanzen im Urin. Seit vielen Jahren ist außerdem bekannt, dass Pestizide in die Muttermilch gelangen. Eine Stichprobe unter Müttern in Alter zwischen 30 und 39 Jahren aus mehreren deutschen Bundesländern bestätigte das vor einiger Zeit erneut. In ausnahmslos allen Proben der Muttermilch dieser Frauen fanden sich Rückstände des Unkrautvernichtungsmittels Glyphosat. Diese Rückstände lagen übrigens jeweils über dem für Trinkwasser geltenden Grenzwert. Keine der Frauen arbeitete in der Landwirtschaft oder verwendete Glyphosat im eigenen Garten. Der Stoff musste demnach über die Nahrung aufgenommen worden sein.

**Lobbyarbeit sorgt dafür, dass die Gefahren von Pestiziden verharmlost und Genehmigungen großzügig erteilt werden.**

Die Weltgesundheitsorganisation stuft Glyphosat als »wahrscheinlich krebserregend« ein. Hingegen erklärte das deutsche Bundesinstitut für Risikobewertung das Pestizid im Jahr 2014 für »weder krebserzeugend noch schädlich für die Fortpflanzung oder das Kind im Mutterleib«. Ende 2023 wurde Glyphosat auf EU-Ebene für weitere zehn Jahre genehmigt. Ein Verbot von Glyphosat-haltigen Pflanzenschutzmitteln in Deutschland ist damit auf absehbare Zeit europarechtswidrig und somit politisch unmöglich. Über den Grund solcher Großzügigkeit bei der Genehmigung potenziell gefährlicher Stoffe braucht man nicht lange zu spekulieren: Pestizide sind ein Milliardengeschäft. Allein in Deutschland machte der Pflanzenschutzmarkt im Jahr 2022 einen Umsatz von rund 1,4 Milliarden Euro. Wo sich viel Geld verdienen lässt, gibt es immer auch eine entsprechend aktive Lobby.

## Festhalten am Gewohnten wider besseres Wissen

Mehr als 200 peer-reviewte Studien bringen Pestizide mit Geburtsfehlern, Kinderkrebs und anderen Krankheiten in Zusammenhang.

Im Lebensmitteleinzelhandel sind 750 Gramm eine gängige Packungsgröße, beliebt zum Beispiel für den Verkauf von Müsli. Wer eine solche 750-Gramm-Packung Müsli gerade im Vorratsschrank hat, darf sie jetzt gerne einmal hervorholen, kurz in der Hand wiegen und dann in Reichweite abstellen. Mit 750 Gramm Müsli lässt sich schon das eine oder andere Frühstück bestreiten. Das ist vielleicht noch keine Jumbogröße, aber auch nicht wirklich wenig. Knapp 750 Gramm Pestizide werden in der EU pro Kopf und Jahr verbraucht. Wer möchte, kann die Müslipackung jetzt noch einmal in die Hand nehmen und deren Gewicht einen Moment auf sich wirken lassen. Diese Dosis Gift wird quasi für jeden von uns Jahr für Jahr auf Feld und Wiese eingesetzt. Das ist ganz legal und soll gesundheitlich unbedenklich sein, wenn man die Behörden in Berlin und Brüssel fragt. Unabhängige wissenschaftliche Untersuchungen kommen hier allerdings zu anderen Ergebnissen. So gibt es mittlerweile mehr als 200 peer-reviewte Studien, die den Einsatz von Pflanzenschutzmitteln mit Geburtsfehlern, Kinderkrebs sowie den immer zahlreicheren Fällen von Aufmerksamkeitsdefizit-/Hyperaktivitätsstörung (ADHS) bei Kindern in Zusammenhang bringen.

Auch wie Pestizide in den menschlichen Organismus gelangen, ist wissenschaftlich längst kein Geheimnis mehr. Die Giftstoffe lassen sich praktisch überall in unseren Speisen und Getränken nachweisen. Sie finden sich im Obst und Gemüse, im Fleisch, im Brot, im Tee und Kaffee, in Fruchtsäften, im Bier und im Wein. Im Trinkwasser wurden Pestizidreste ebenso gefunden wie in fertigen Mahlzeiten, die Restaurants und Kantinen servieren. In Deutschland fanden sich bei einer großangelegten Untersuchung insgesamt 361 verschiedene Pestizidrückstände in den untersuchten Lebensmitteln. 60 Prozent der untersuchten Lebensmittel waren mit mindestens einem Pestizidrückstand verunreinigt. In einigen Äpfeln und Birnen konnten bis zu zwölf unterschiedliche solcher Substanzen nachgewiesen werden.

Wie schaffen es Regierungen und staatliche Stellen, dies alles für unbedenklich zu erklären? Man muss sich klarmachen, dass meist nur einzelne Substanzen unter Laborbedingungen getestet werden und dann ein Grenzwert festgelegt wird, der gänzlich im Ermessen der beauftragten Experten liegt. Kein Labor der Welt kann jedoch eine Realität abbilden, in der wir alle täglich mit unserer Nahrung hunderte Rückstände der unterschiedlichsten Pestizide aufnehmen. Eigentlich sollte uns schon der gesunde Menschenverstand sagen, dass dies nicht richtig sein kann. Eine ganz ähnliche Situation gab es in den 1950er-Jahren, als die Tabakindustrie in den USA »wissenschaftliche« Studien präsentierte, nach denen Rauchen gesundheitlich unbedenklich sei. Dabei sagte der gesunde Menschenverstand jedem Raucher schon damals etwas anderes.

**Chemie in der Landwirtschaft tötet nicht nur Bakterien im Boden, sondern auch in unserem Darm. Das kann krank machen.**

Was neueste peer-reviewte Studien ans Licht gebracht haben, sollte nun niemanden mehr überraschen, der dieses Buch bis hierhin gelesen hat: Pflanzenschutzmittel, unter anderem Glyphosat, töten nicht nur die Mikroorganismen im Boden, sondern auch die in unserem Darm. Da man inzwischen weiß, dass sich in intakten Böden dieselben Mikroorganismen finden wie im menschlichen Verdauungstrakt, ist das eigentlich auch völlig logisch. Überraschend und erschreckend ist lediglich die Tatsache, dass die Menge an Rückständen von Pestiziden, die wir über unsere Nahrung aufnehmen, offensichtlich bereits ausreicht, um das Mikrobiom in unserem Organismus zu schädigen. Um die Konsequenzen zu ermessen, ist es auch wichtig zu sehen, dass die Mikroorganismen in unserem Darm nicht allein für die Verdauung zuständig sind, sondern noch weitere wichtige Funktionen

**Ohne tiefe Bodenbearbeitung und Überdüngung bräuchten wir keine Pestizide. Sie haben keinen Nutzen, sondern sind ein Irrweg.**

erfüllen. Nicht zuletzt spielen sie eine entscheidende Rolle für unser Immunsystem. Der Angriff auf die Mikroorganismen in unserem Körper ist somit auch der Grund, warum Glyphosat krank macht. »Wir wissen«, bestätigt Dr. Mark Hyman, »dass durch Glyphosat, auch bekannt unter dem Markennamen Roundup, über die Störung des Mikrobioms im Darm zahlreiche Krankheiten bis einschließlich Krebs entstehen können.«

Nun ließe sich ja einwenden, dass überall im Leben Restrisiken toleriert werden müssen, solange diesen ein ausreichend hoher Nutzen gegenübersteht. Wir fahren zum Beispiel Auto und Motorrad, E-Roller und E-Bike, trotz von der Weltgesundheitsorganisation geschätzter rund 1,3 Millionen Verkehrstoter im Jahr. Einige wollen inzwischen sogar die Restrisiken der Atomkraft wieder tolerieren und den Atomausstieg in Deutschland rückgängig machen, um kurzfristig billigen Strom zu haben. Bei den Pflanzenschutzmitteln ist die Situation jedoch eine völlig andere: Pestizide bringen für sich genommen überhaupt keinen Nutzen. Vielmehr sind sie schlicht und einfach die Folge eines Irrwegs der modernen Landwirtschaft. Ohne tiefe Bodenbearbeitung und chemische Überdüngung bräuchten wir sie überhaupt nicht. Ein tolerierbareres Risiko könnten sie allenfalls dann sein, wenn sich auf natürliche Weise nicht genügend Lebensmittel erzeugen ließen, um die Weltbevölkerung satt zu bekommen. Doch wie ich in früheren Kapiteln bereits gezeigt habe, ist das genaue Gegenteil der Fall. Eine regenerative und schließlich natürliche Landwirtschaft bringt schon nach wenigen Jahren höhere Erträge als der heutige chemisch-industrielle Weg des Ackerbaus.

Wollen wir also weiter unsere Gesundheit aufs Spiel setzen, nur um an einem Weg festzuhalten, bei dem zwar einige wenige Player noch viel Geld verdienen, der sich aber insgesamt als Irrtum erwiesen hat? Zumal, wenn es im Grunde so einfach ist, Gesundheit zu ernten, statt uns weiterhin krank zu essen?

## Was intakte Natur bewirkt

Waldorfschulen werden in Deutschland immer beliebter. Innerhalb von 25 Jahren stieg die Zahl der Waldorfschüler um 50 Prozent. Vielen Eltern, die ihre Kinder auf Waldorfschulen schicken, geht es dabei gar nicht um die umstrittenen Lehren von Rudolf Steiner, auf denen die Waldorfpädagogik beruht. Vielmehr wünschen sie sich eine Alternative zum herkömmlichen Schulsystem, bei der die individuelle Entwicklung und die natürliche Kreativität ihrer Kinder mehr im Mittelpunkt stehen. Attraktiv macht die Waldorfschulen nicht zuletzt, dass sie sich ein gesundes Aufwachsen der Kinder im Einklang mit der Natur zum Ziel setzen. Dies zeigt sich auch beim Schulessen. Die Waldorfschulen gelten als Vorreiter bei gesunder Schulverpflegung. Fast alle deutschen Waldorfschulen bieten ihren Schülern täglich ein warmes Mittagessen an. Dabei setzen laut einer Umfrage des Bundes der Freien Waldorfschulen knapp 80 Prozent der Schulkantinen auf mindestens 50 Prozent Bioprodukte. In 19 Prozent der Waldorfschulen erhalten die Schüler sogar zu 100 Prozent Lebensmittel aus biologischer Landwirtschaft.

**Waldorfschüler erhalten gesundes Schulessen und schneiden bei Gesundheitsstudien besonders gut ab.**

Vor diesem Hintergrund überrascht es kaum, dass Waldorfschüler bei Gesundheitsstudien unter Kindern häufig besser abschneiden als ihre Altersgenossen. Während Kinder heute in den westlichen Ländern allgemein immer häufiger unter Fettleibigkeit, Allergien und psychischen Erkrankungen wie ADHS leiden, gilt dies für Waldorfschüler nicht im selben Maße. Zwei große Studien untersuchten zum Beispiel die Anfälligkeit für Allergien bei Kindern unterschiedlicher Schulformen. Eine der beiden Studien verglich 675 schwedische Schulkinder und fand heraus, dass es unter den Waldorfschülern sehr viel weniger Allergien gab als unter den Schülern öffentlicher Schulen. Die andere Studie wurde mit 15 000 Kindern aus Deutschland, Österreich, der Schweiz, Schweden und den Niederlanden durchgeführt. Auch hier zeigten die

Wer auf Bioprodukte, viel Obst und Gemüse und weniger Fleisch umsteigt, geht bereits einen Schritt in die richtige Richtung.

Waldorfschüler die niedrigste Neigung sowohl zu Lebensmittelallergien als auch zu Asthma. Bei der Frage, was der signifikante Unterschied bei den Waldorfschülern im Vergleich zu den Kindern an öffentlichen Schulen sein könnte, stießen die Wissenschaftler immer wieder auf eine Ernährung mit viel Obst und Gemüse und einem hohen Anteil an Bioprodukten.

Allein durch den Umstieg auf Lebensmittel aus biologischer Landwirtschaft lässt sich also bereits etwas gegen die Ausbreitung immer neuer Krankheiten tun. Das gilt nicht nur für Kinder, sondern auch für Erwachsene. Bei Erwachsenen ist der Effekt lediglich schwieriger nachzuweisen, da hier auch der Lebensstil für die Gesundheit eine große Rolle spielt: Wo lebt ein Mensch, wie viel Stress hat er, wie häufig macht er Sport? Alles das wirkt sich auf die Gesundheit aus. Schulkinder sind leichter untereinander vergleichbar, da sie noch keine eigenen Lebensentscheidungen getroffen haben. Trotz dieser Einschränkung ist das Ergebnis einer französischen Langzeitstudie mit 70 000 Erwachsenen immer noch bemerkenswert. Danach hatten diejenigen, die sich häufig von Bioprodukten ernährten, dabei viel frisches Biogemüse und -obst aßen, gleichzeitig verarbeitete Fleischprodukte, wie zum Beispiel Wurst, eher mieden, ein etwa 25 bis 35 Prozent niedrigeres Krebsrisiko als der Durchschnitt der Studienteilnehmer. Wie auch immer jede einzelne solcher Studien zu bewerten ist: Es besteht heute kaum noch ein Zweifel, dass bereits eine Umstellung der Ernährung auf einen höheren Anteil von Produkten aus biologischer Landwirtschaft zu einer signifikanten Verbesserung der Gesundheit führen kann. Und hier sprechen wir nicht einmal von landwirtschaftlichen Produkten aus vollständig regenerierten Böden!

## Wie viele kranke Menschen gäbe es bei gesunden Böden?

Bio ist also der erste Schritt nicht nur zurück zur Bodengesundheit, sondern auch zu gesünderen Menschen. Die regenerative

Landwirtschaft ist noch zu jung und zu wenig verbreitet, um wissenschaftlich belegen zu können, was eine Ernährung mit Produkten ausschließlich aus intakten, natürlichen Böden beim Menschen gesundheitlich bewirken würde. Man kann sich einer Antwort jedoch indirekt nähern: Erstens sind die positiven Auswirkungen von Bioprodukten auf die Gesundheit ein deutlicher Hinweis darauf, wie groß der Effekt vollständig natürlich gewonnener Lebensmittel dann erst sein müsste. Zweitens weiß man aus Laboranalysen, dass in vollständig regenerierten Böden gewonnene Produkte genau die Vitamine, Mineralstoffe und Antioxidantien wieder in hohem Maße enthalten, an denen es Menschen in den Industrieländern heute typischerweise mangelt. Auf das Thema Nährstoffe werde ich im folgenden Kapitel noch zurückkommen. Drittens zeigt die anthropologische Forschung sowohl anhand ihrer Erkenntnisse über die Urmenschen als auch durch Studien bei indigenen Völkern, dass es sehr viele, wenn nicht sogar die allermeisten modernen Krankheiten dort gar nicht gibt, wo sich Menschen mit frischen Lebensmitteln aus einer noch weitgehend unberührten Natur ernähren.

**Die Qualität von Produkten aus regenerativer Landwirtschaft ist bereits sinnlich wahrnehmbar.**

Wer heute bereits mit Produkten aus regenerierten Böden in Berührung kommt, wird deren Qualität auch einfach mit seinen Sinnen wahrnehmen können. Gabe Brown, der Pionier der regenerativen Landwirtschaft in den USA, demonstriert den Besuchern seiner Ranch diese Qualität gerne anhand eines Spiegeleis. In einer heißen Pfanne schlägt Gabe erst ein Ei aus Bio-Freilandhaltung auf und dann eines von seiner eigenen regenerativen Farm, wo die Hühner zwischen den immergrünen Feldern quasi spazieren gehen. Im Vergleich zum herkömmlichen Bio-Ei ist beim Ei von Browns Ranch die Farbe des Dotters viel intensiver und das Eiweiß ist leuchtend weiß statt gräulich. Der größte Unterschied zeigt sich aber erst, wenn Gabe mit einem Finger Druck ausübt.

**Bei Bioprodukten steigt die Nachfrage und die Preise sinken. Wir alle haben es mit in der Hand, den Trend fortzusetzen.**

Während das normale Bio-Ei sofort nachgibt und Dotter und Eiweiß zerlaufen, ist es gar nicht so einfach, das Ei von seinem Hof überhaupt mit dem Finger zu zerdrücken. Unabhängig davon, welche Unterschiede Laboranalysen hier zutage fördern würden, geben Optik und Haptik bereits deutliche Hinweise auf ein gesundes Lebensmittel.

Die Verbraucher – also wir alle – haben es in der Hand, ob wir zukünftig mehr Produkte auf dem Teller haben werden, die Gesundheit fördern und viele Krankheiten sogar verhindern können. Möglichst viele Bioprodukte zu kaufen ist der erste Schritt. Inzwischen gibt es Bio auch beim Discounter zu vergleichsweise günstigen Preisen. In Deutschland liegen die Nahrungsmittelpreise nur geringfügig über dem EU-Durchschnitt (106,5 bei EU-27 = 100). Kaufkraftbereinigt liegen wir möglicherweise sogar darunter, denn viele osteuropäische EU-Länder haben eine geringere Kaufkraft. Wir können und sollten es uns leisten, gesündere Produkte zu kaufen. Je mehr die Nachfrage steigt, desto mehr Bioprodukte werden die marktbeherrschenden »großen Vier« des deutschen Lebensmitteleinzelhandels (Edeka-, Rewe-, Lidl/Schwarz- und Aldi-Gruppe) anbieten und desto wahrscheinlicher ist, dass die Preise weiter sinken. Wenn ich mir ab und zu bei einem der beiden bekanntesten Discounter ein Biobrötchen kaufe, staune ich immer, wie viel mehr Bioprodukte als noch vor wenigen Jahren es dort inzwischen gibt. Wir alle haben es in der Hand, dass sich dieser Trend fortsetzt. Auch die Empfänger von Bürgergeld sollten übrigens die Möglichkeit bekommen, sich von gesunden Produkten zu ernähren. Es ist nicht nur würdelos, auf Tütensuppen angewiesen zu sein, sondern führt am Ende auch zu hohen Krankheitskosten. Hier ist die Politik gefragt, geeignete Lösungen zu finden.

## Eine intakte Natur ist durch absolut nichts zu ersetzen

Wer heute noch glaubt, gesunde Ernährung sei zu teuer, der führe sich vor Augen, welche gesamtwirtschaftlichen Kosten eine immer übergewichtigere und an ständig neuen Krankheiten leidende Bevölkerung verursacht. Seit über 40 Jahren diskutieren wir nun in Deutschland über die »Kostenexplosion im Gesundheitswesen« – und bisher hat es noch keinen Reformansatz gegeben, der diese Kosten hätte eindämmen können. Aktuell steigen die Pro-Kopf-Ausgaben für Medikamente inflationsbereinigt um circa sechs Prozent pro Jahr, die für stationäre Behandlungen um etwa drei Prozent, während ambulante Behandlungen sich jährlich um rund zwei Prozent verteuern. Dieser Trend wird sich weiter fortsetzen, wenn wir nicht umsteuern. Eine aktuelle Studie der WHU Otto Beisheim School of Management geht bereits in einem konservativen Basisszenario mit gleichbleibenden Steigerungsraten von einer inflationsbereinigten Kostensteigerung allein bei den Medikamenten von 40 Prozent bis 2060 aus. In einem realistischeren Szenario würden die 40-prozentigen Mehrausgaben für Medikamente bereits 2040 erreicht und bis 2060 könnten die Arzneimittelausgaben sich mehr als verdoppeln.

**Unser Gesundheitssystem bekämpft lieber Symptome mit Medikamenten, als die Basis der Gesundheit zu verbessern.**

Das Grundübel unseres Gesundheitssystems besteht darin, dass es Symptome bekämpft, statt Ursachen zu beseitigen. Wir nehmen in Kauf, dass unsere Ernährung nicht länger das enthält, was Menschen für ein gesundes Leben benötigen, und geben bis jetzt lieber Unsummen für Medikamente und medizinische Behandlungen aus, als das Problem an der Wurzel zu packen. Dafür gibt es jedoch eine einfache Erklärung: Nicht nur bei der Produktion von Lebensmitteln, sondern auch im Gesundheitswesen regiert heute das Prinzip der Effizienzoptimierung und Profitabilität. Das Volumen des weltweiten Pharmamarktes zum Beispiel belief sich im Jahr 2021 auf rund 1,28 Billionen US-Dollar. Wenn es allein nach der Pharmaindustrie ginge, müsste sich in unserem Gesundheitswesen nicht allzu viel ändern. An dieser Stelle möchte ich nicht missverstanden werden: Natürlich können moderne Medikamente ein Segen sein für Menschen, die bereits krank sind. Wir setzen lediglich die Prioritäten völlig falsch. Weil mit

Therapie wesentlich mehr Geld zu verdienen ist als mit Prophylaxe, richten wir unser Gesundheitswesen auf Behandlungen aus. Der Gedanke, dass wir uns auch einfach gesund essen können, hat es angesichts eines Multi-Milliarden-Markts sehr schwer. Dabei wusste es schon Hippokrates.

Menschen könnten allerdings auch zu der Einsicht gelangen, dass sie sich geirrt haben. Wir werden mit Chemie niemals gesündere Nahrungsmittel erzeugen, als die Natur es kann. Und die Folgen unserer chronischen Mangelernährung können wir auch mit einem Hightech-Gesundheitswesen, das wir uns viele Milliarden kosten lassen, nicht kompensieren. Unsere Erde ist ungefähr 4,5 Milliarden Jahre alt. Milliarden Jahre der Evolution werden immer schlauer sein als Milliarden Euro oder Dollar auf unseren Konten. Eine intakte Natur bewirkt Gesundheit bei Mensch und Tier. Sie ist durch nichts zu ersetzen. Auch ich musste das erst lernen. Und auch ich habe lange technologischen Machbarkeitsidealen angehangen. Noch vor acht Jahren glaubte ich zum Beispiel, Urban Farming in Hochhäusern könnte eine Option für die Zukunft sein. Doch Pflanzen in künstlichen Substraten werden absehbar nicht in der Lage sein, gesunde Lebensmittel zu produzieren. Wir müssen lernen, der Bodengesundheit ebenso zu vertrauen wie den Selbstheilungskräften unseres Körpers, die er dann besitzt, wenn er alle nötigen Nährstoffe erhält. Gesunder Boden, gesunde Pflanzen, gesunde Tiere, gesunde Menschen. Es ist am Ende wirklich unfassbar einfach.

# 5 Ernährung

Wer entscheidet eigentlich, was wir essen? Wir selbst, sollte man meinen. Schließlich leben wir in einer Demokratie und sozialen Marktwirtschaft. Hier können Verbraucher vom Grundsatz her frei über ihr Einkommen bestimmen und ihre Konsumentscheidungen eigenständig treffen. Wahlfreiheit ist dabei jedoch stets vom Angebot abhängig. Eine wirklich freie Wahl bei der Ernährung hat nur, wer seine Lebensmittel selbst anbaut, erntet und verarbeitet. Das sind in Deutschland nur einige wenige. Für die große Mehrheit führt der erste Weg zur nächsten Mahlzeit nicht in den Garten, sondern zum Supermarkt oder Discounter. Doch egal, für welche Filiale von Edeka oder Rewe wir uns entscheiden: Das Sortiment ist überall annähernd gleich. Auch Aldi und Lidl, Netto oder Penny unterscheiden sich hier untereinander kaum. Selbst im Biomarkt finden sich mehr oder weniger die gleichen Produkte, nur eben in Bioqualität. Wer schnell eine Tiefkühlpizza, eine Packung Gouda in Scheiben oder ein geschnittenes Toastbrot möchte, kann zu jedem beliebigen Lebensmittelmarkt fahren und wird dort fündig werden. Spätabends oder sonntags lassen sich solche Produkte sogar noch an der Tankstelle kaufen.

**Bei Lebensmitteln haben wir heute nur scheinbar die große Auswahl. Viele Produkte sind ähnlich. Geschmack zählt, Gesundheit weniger.**

Gemessen daran, wie viele Möglichkeiten die Natur uns zur Ernährung eigentlich bietet, sind unsere Lebensmittel heute fast so einheitlich genormt wie Druckerpapier oder Holzpaletten. Die gefühlte Vielfalt in den Supermärkten täuscht: Wir haben lediglich die Auswahl zwischen unzähligen Varianten im Grunde sehr ähnlicher Produkte aus einer überschaubaren Menge an Grundzutaten. Warum ist das so? Dafür gibt es unterschiedliche Gründe. Zunächst einmal hat jede Kultur ihre traditionelle Küche. Dann werden bestimmte landwirtschaftliche Erzeugnisse seit Langem in riesigen Monokulturen angebaut, weil es effizient und wirtschaftlich ist. Das beste Beispiel ist der Weizen, der schon im alten Mesopotamien in großen Mengen erzeugt wurde und uns bis heute zahllose Produkte aus Weizenmehl beschert. Hinzu kommt in jüngerer Zeit das Marketing. Wir legen alle die gleichen Produkte in den Einkaufswagen, weil wir diese in der Fernsehwerbung, auf Plakaten oder in Prospekten gesehen haben. Und wenn sie uns schmecken, wollen wir sie immer wieder.

## Qualität oder Quantität? Beides!

Meine Eltern haben die Zeit noch erlebt, in der Deutschland zum letzten Mal hungerte. Nach zwölf Jahren Nazi-Diktatur und knapp sechs Jahren eines von Berlin aus angezettelten Angriffskriegs lag Deutschland im Frühjahr 1945 am Boden. Die Städte waren zerbombt, die Infrastruktur weitgehend zerstört und die Truppen der Alliierten hielten das Land besetzt. Hatte die Versorgung mit Lebensmitteln im Rahmen der Kriegswirtschaft noch einigermaßen gut funktioniert, brach sie nun in weiten Teilen zusammen. Ab November 1945 begann die Hilfsorganisation Care mithilfe der US-Armee, insgesamt 100 Millionen »Care-Pakete« mit Lebensmitteln in Deutschland und anderen europäischen Ländern zu verteilen. Ein typisches Care-Paket enthielt unter anderem Fleisch- und Obstkonserven, Margarine, Ei- und Milchpulver sowie Schokolade und Kaffee. All diese Produkte waren in Deutschland Mangelware. Im Jahr 1946, dem ersten vollen Friedensjahr, besserte sich die Situation kaum. Trümmerbeseitigung und Wiederaufbau verliefen schleppend. Auf einen sehr heißen und trockenen Sommer folgten spärliche Ernten. Zwischen November 1946 und März 1947 herrschte dann der kälteste Winter des 20. Jahrhunderts in Deutschland. Vor allem in den zerbombten Großstädten gab es mehrere hunderttausend Tote durch Kälte und Hunger.

**Hinter uns liegt ein langer Weg von der Mangelwirtschaft zur Überproduktion und zu Lebensmitteln als Markenprodukten.**

Man muss diesen Hintergrund kennen, um zu verstehen, warum der Fokus bei der Lebensmittelproduktion in der Nachkriegszeit fast ausschließlich auf der Steigerung der Quantität lag. Es galt, so schnell wie möglich wieder alle Menschen satt zu bekommen. In der Landwirtschaft drehte sich dementsprechend alles um das Thema Ertragssteigerung. Auch während meiner Kindheit in den 1960er-Jahren ging es bei den Landwirten in unserer Region stets um höhere Erträge und mehr Effizienz durch moderne Landmaschinen. Ich erinnere mich noch an die Begeisterung, mit der mein Vater Ende jenes Jahrzehnts den ersten Mähdrescher auf unseren Hof fuhr. Mittlerweile war Deutschland stolz darauf, in welchem Tempo man Landwirtschaft und Industrie wieder aufgebaut hatte. Unter anderen Vorzeichen galt das für die DDR ebenso wie für den Westen. Doch ab Ende der 1960er-Jahre zeichnete sich in der Bundesrepublik eine neue Dynamik ab. Nicht zuletzt dank hoher Subventionen der 1967 gegründeten Europäischen Gemeinschaft (EG) wuchs der Agrarsektor immer stärker. Innerhalb von nur 30 Jahren kam es in Westeuropa von der Mangelwirtschaft zur landwirtschaftlichen Überproduktion. Um 1980 machten Begriffe wie »Butterberg« oder »Milchsee« die Runde. Die landwirtschaftliche Produktion übertraf die Nachfrage der Verbraucher nun immer mehr. Aus Gründen der Preisstabilität und zur Stützung der Einkommen der Landwirte begann die EG, riesige Mengen an Lebensmitteln entweder zu vernichten oder auf dem Weltmarkt zu Dumpingpreisen loszuschlagen.

In gesättigten Märkten geht es nicht länger vorrangig um die Versorgung der Bevölkerung oder darum, Grundbedürfnisse durch ehrliche Angebote zu befriedigen. Stattdessen entsteht ein Verdrängungswettbewerb unter verschiedenen Anbietern, die alle versuchen, die Verbraucher zum Konsum ihrer jeweiligen Produkte zu bewegen. Bei den Lebensmitteln war es in den USA bereits früher als bei uns zu einer Überproduktion und einem gesättigten Markt gekommen. Hier haben viele Merkmale des modernen Lebensmittelsektors ihren Ursprung, die wir seit über 50 Jahren kennen: effizienzoptimierte landwirtschaftliche Produktion, immer mehr verarbeitete Erzeugnisse sowie schließlich Lebensmittel als Markenprodukte, die zur Absatzsteigerung intensiv beworben werden. Viele Lebensmittel wurden ab Mitte der 1970er-Jahre über ein Markenimage verkauft. Da galt dann zum Beispiel eine bestimmte Margarine als Beitrag für das Familienglück am Frühstückstisch. Oder es wurden Fruchtbonbons, die fast ausschließlich aus Zucker bestanden, als für Kinder gesund dargestellt.

Markenprodukte müssen nicht grundsätzlich schlecht sein. Manchmal ist ein positives Markenimage sogar von einer tatsächlich hohen Produktqualität gedeckt – wobei Qualität hier als Beitrag zur gesunden Ernährung gemeint ist. Bei Lebensmitteln entkoppelten sich jedoch Markenimage und Qualität mehr und mehr. Aus Gründen, die ich in vorherigen Kapiteln bereits dargestellt habe, wurden die meisten Lebensmittel im Lauf des 20. Jahrhunderts immer weniger nahrhaft. Zeitgleich verwandelten sie sich in Markenprodukte innerhalb eines Verdrängungswettbewerbs großer Food Player.

## Hoch verarbeitete Produkte statt natürlicher Lebensmittel

**Unser Gehirn ist durch die Evolution darauf programmiert, süße, salzige und fettige Nahrungsmittel zu bevorzugen.**

Das Markenimage ist nur einer der Anreize, der Verbraucher seit Jahren zu bestimmten Lebensmitteln greifen lässt. Hinzu kommen neben einem möglichst günstigen Preis vor allem der Geschmack und die Einfachheit der Zubereitung, die sogenannte Convenience. Was uns schmeckt und was nicht, ist wiederum kulturell geprägt und hat viel mit unseren Kindheitserfahrungen im Hinblick auf das Essen zu tun. Es gibt hier aber auch noch eine physiologische Ebene: Nach Jahrtausenden der Evolution stecken bestimmte Vorlieben in unseren Genen. Wenn wir Lebensmittel zu uns nehmen, auf die wir vorprogrammiert sind, wird das Belohnungssystem in unserem Gehirn aktiviert. Das betrifft vor allem Stoffe, die in früheren Zeiten rar und daher wertvoll waren. An erster Stelle sind dies Zucker, Salz und Fett. Jahrtausendelang war an süße, salzige oder fettige Lebensmittel nicht so leicht heranzukommen wie beispielsweise an Pilze oder essbare Wurzeln aus dem Wald. Salz war noch im Mittelalter so kostbar, dass die Städte, in denen es gewonnen wurde, zu den reichsten im deutsch-römischen Reich zählten. Erst mit dem Fortschreiten der Industrialisierung änderte sich die Situation grundlegend. Dank moderner Methoden der Erzeugung waren Zucker, Salz und eine Vielzahl pflanzlicher und tierischer Fette nun massenhaft und für wenig Geld verfügbar. Innerhalb der letzten 50 Jahre kam es zu einer Explosion des Angebots süßer, salziger und fetthaltiger Lebensmittel. Der Brotaufstrich Nutella zum Beispiel, von dem pro Jahr rund 770 Millionen Gläser produziert werden, besteht zu über 50 Prozent aus Zucker und zu etwa 30 Prozent aus Fett – vor allem Palmöl. Rotes Pesto enthält häufig drei Gramm Salz pro 100 Gramm, manchmal noch mehr. Nicht wenige Fertiggerichte aus der Tiefkühlung enthalten 0,5 bis 1,0 Gramm Salz und 2,0 bis 3,0 Gramm Zucker pro 100 Gramm. Das schmeckt dann schon ziemlich salzig – und genau das mögen wir.

Da das menschliche Genom sich nur langsam verändert, reagiert das Belohnungssystem in unserem Gehirn auf die Zufuhr von Zucker, Salz und Fett immer noch so, als seien diese Stoffe rar und kostbar. In der Folge nehmen fast alle Menschen in den Industrieländern mittlerweile nicht nur zu viele Kalorien, sondern auch zu viel Zucker, Salz und Fett zu sich. Ich kenne nur wenige Menschen, die bei Broccoli oder Rosenkohl gar nicht mehr aufhören können zu essen. Hingegen kennt fast jeder die Versuchung, eine Tafel Milchschokolade oder eine Tüte Chips in einem Rutsch zu verzehren. Kombinationen aus Zucker, Salz und Fett sind nämlich besonders verlockend. Schokolade besteht hauptsächlich aus Zucker und Fett. Bei Chips gesellt sich zugesetztes Salz zu dem Fett, in dem sie frittiert werden. Und beim beliebten Produkt »Snack-Nüsse mit Honig und Salz« treffen Zucker, Salz und Fett besonders intensiv aufeinander.

**Wo unser Belohnungssystem im Spiel ist, fällt Maß halten oft schwer. Auch zu Suchtverhalten kann es kommen.**

Nun sind weder Zucker, Salz noch Fett grundsätzlich ungesund. Ein Apfel enthält bis zu 15 Prozent Fruchtzucker und ist trotzdem eines der gesündesten Nahrungsmittel. Tierische Lebensmittel besitzen fast immer einen natürlichen Salzgehalt. Die Fettsäuren in Nüssen gelten sogar als ausgesprochen wertvoll. Das Problem sind die Mengen, in denen wir nun schon seit Langem süße, salzige und fettige Lebensmittel zu uns nehmen – weil unser Gehirn uns fälschlicherweise signalisiert, dass wir diese so bald nicht mehr bekommen werden. Überall wo unser Belohnungssystem im Spiel ist, kann es außerdem schnell zu Suchtverhalten kommen. Wir werden abhängig von dem schönen Gefühl, das der Konsum zum Beispiel von Süßigkeiten uns kurzfristig beschert. Die Wirkung hält nie lange an, deshalb muss die Versorgung aufrechterhalten und oft auch die Dosis gesteigert werden. So rutscht man in die Abhängigkeit.

**Wir konsumieren heute immer weniger frische und dafür mehr verarbeitete Lebensmittel. Das passt zu unserem hektischen Lebensstil.**

Die suchtinduzierenden Effekte haben sich die großen Food Player während der letzten 50 Jahre zunutze gemacht. Das behauptet zumindest das Buch *Das Salz-Zucker-Fett-Komplott* des amerikanischen Journalisten Michael Moss, das vor zehn Jahren ein Bestseller war. Das aktuelle Buch des Briten Chris van Tulleken mit dem langen, aber aussagekräftigten Titel *Gefährlich lecker: Wie uns die Lebensmittelindustrie manipuliert, damit wir all die ungesunden Dinge essen – und nicht mehr damit aufhören können* argumentiert ähnlich. Der Originaltitel des zweitgenannten Buchs lautet übrigens *Processed People.* Das bezieht sich auf »processed food«, also »verarbeitete Lebensmittel«. In ihnen besteht neben den großen Mengen an Zucker, Salz und Fett ein weiteres Manko der Ernährungsweise, die während der letzten 50 Jahre in der westlichen Welt zum Standard geworden ist: Anstelle von Produkten, die frisch vom Bauernhof stammen, konsumieren wir immer mehr verarbeitete Lebensmittel, wie zum Beispiel Backwaren, Käse oder Konserven. Hinzu kommen zunehmend »hoch verarbeitete« Lebensmittel, die zahlreiche Fertigungsschritte durchlaufen und mit etlichen Zusatzstoffen angereichert werden. Dies sind zum Beispiel Wurstwaren, Fleischersatzprodukte und die meisten Fertiggerichte.

Der Grund für die weite Verbreitung hoch verarbeiteter Lebensmittel ist dabei nicht allein beim Belohnungssystem unseres Gehirns zu suchen. Vielmehr hat der Trend zur Convenience etwas mit unserem Lebensstil zu tun. Unser Alltag ist heute stark individualisiert und dicht getaktet. Welcher Mensch, der in Vollzeit arbeitet und dabei vielleicht noch Kinder erzieht, fühlt sich nicht zumindest ab und zu entlastet, wenn das Kochen dank vorgefertigter Produkte schnell und einfach geht? Es mag zwar sein, dass die Lebensmittelindustrie in den letzten Jahren alles Mögliche zur Absatzsteigerung unternommen hat, bis hin zur im Tierversuch erprobten Stimulation unseres Belohnungssystems über bestimmte Rezepturen. Doch treffen deren Produkte bei uns allen auch auf einen Lebensstil, der sowohl von wirtschaftlichen Zwängen als auch von dem verbreiteten Wunsch geprägt ist, so viel wie möglich aus der Lebenszeit herauszuholen.

## Warum ist die Obst- und Gemüseabteilung nicht größer?

Die Ernährungssituation in Deutschland ist heute quantitativ unproblematisch, jedoch gleichzeitig qualitativ herausfordernd. Niemand muss bei uns hungern, das ist die gute Nachricht. Auch ist es sicher ein Vorteil, dass Lebensmittel zu jeder Jahreszeit und an mindestens sechs Tagen in der Woche praktisch überall verfügbar sind. Die moderne Logistik im Lebensmittelhandel ist beeindruckend. Was die Versorgung mit Nahrungsmitteln betrifft, leben wir im Überfluss. So gesehen haben wir die nach dem Zweiten Weltkrieg gesetzten Ziele übererfüllt. Dabei ist die Qualität allerdings in wesentlichen Teilen auf der Strecke geblieben.

**Unsere Lebensmittel sind zwar sauber, aber es mangelt ihnen an Nährstoffen. Auch unsere Konsumgewohnheiten sind oft fragwürdig.**

Hier muss man zunächst unterscheiden: Unsere Lebensmittel sind im Vergleich zu früheren Zeiten sicherlich biologisch sauber und weitgehend frei von schädlichen Bakterien, Viren und Parasiten. Verdorbenes wird gewissenhaft aussortiert. Lebensmittelvergiftungen treten in Deutschland deshalb nur äußerst selten auf. Diesen Fortschritt sollte man nicht kleinreden. Gleichzeitig fehlt es unseren Lebensmitteln heute aber wesentlich an dem, was ihr Name eigentlich verspricht: Sie sind immer öfter nur noch eingeschränkt ein Mittel zu einem guten und langen Leben. Es mangelt ihnen an unverzichtbaren Nährstoffen, die unser Körper braucht, um gesund zu bleiben. Hinzu kommen die Rückstände chemischer Schadstoffe. Als wäre das nicht problematisch genug, meiden wir oft auch noch freiwillig diejenigen Lebensmittel, die den relativ höchsten Nährstoffgehalt aufweisen – vor allem feldfrisches Gemüse und unverarbeitetes Obst. Stattdessen greifen wir lieber zu Produkten, die uns die Lebensmittelindustrie buchstäblich schmackhaft macht und durch die wir bei der Zubereitung viel Zeit sparen. Oder mit denen wir uns einfach nur nach einem stressigen Tag ein wenig belohnen wollen, wie zum Beispiel mit Schokolade oder Chips.

Wer einen beliebigen Supermarkt aufsucht, kann sich leicht ein Bild davon machen, wo wir mit unserer Ernährung heute stehen. Die Obst- und Gemüseabteilung ist oft recht klein, gemessen an den vielen Regalmetern mit Süßigkeiten und Knabberzeug. Auch die Schränke und Truhen mit Tiefkühlware enthalten meistens mehr, als es an frischen Produkten zu kaufen gibt. Von den 210 in Deutschland zugelassenen Kartoffelsorten gibt es oft nur drei oder vier – dafür gefühlt über 50 unterschiedliche Tiefkühlpizzen und gefrorene Baguettes. Die Getränke aus einem oft riesigen Sortiment enthalten zu geschätzt 80 Prozent entweder Zucker oder Alkohol. Dabei sprechen wir nicht von geringen Mengen. Eine 0,33-Liter-Dose der beliebten Fanta zum Beispiel bringt es laut Verbraucherzentrale NRW auf mehr als acht Würfel Zucker. Insgesamt dominieren in den Supermärkten verarbeitete, häufig auch bereits verzehrfertige Produkte. Das reicht vom Kartoffel- oder Nudelsalat über unzählige Brotaufstriche bis hin zu Konserven und Instantprodukten, die oft etliche Regalmeter füllen. Selbst an den sogenannten Frischetheken finden sich überwiegend verarbeitete Lebensmittel, wie etwa Wurst und Käse in allen Varianten. Im Kassenbereich wird es dann noch einmal besonders herausfordernd für Eltern mit kleinen Kindern. Den hier geschickt platzierten Süßigkeiten – auch »Quengelware« genannt – können nicht nur die Kleinen kaum widerstehen. Selbst die Erwachsenen legen oft spontan noch etwas aufs Band, das sie eigentlich gar nicht kaufen wollten.

**Wer vor falscher Ernährung warnt, gilt schnell als Spielverderber. Dabei geht es nicht um Verzicht, sondern um mehr Lebensfreude.**

Nach marktwirtschaftlichen Prinzipien wurde hier ein System erschaffen, in dem sich Erzeuger, Handel und Verbraucher scheinbar perfekt aufeinander eingespielt haben. Unsere westliche Ernährungsweise ist längst zu einer selbstverständlichen Gewohnheit geworden, die nur noch selten hinterfragt wird. Wer heute vor zu viel Zucker, Frittiertem oder gar Alkohol warnt, gilt schnell als Moralapostel, Spaßbremse und Spielverderber. Ich erlebe gerade bei meinen sechs Enkeln, wie schwer es deren Eltern haben, sie auch nur halbwegs von den allgegenwärtigen Süßigkeiten fernzuhalten. Wenn Erwachsene einem Kind etwas Gutes tun wollen, dann schenken sie ihm etwas Süßes. So ist es bei uns Konvention. Schreitet man dann ein und spricht das Thema gesunde Ernährung an, heißt es oft: »Aber es schmeckt doch so gut – nun gönn' dem Kind doch auch mal was!« Und natürlich weinen Kinder, wenn sie mit ansehen müssen, wie Erwachsene ständig Schokolade essen, während sie darauf verzichten sollen.

Doch auch unter Erwachsenen hat sich inzwischen die Vorstellung festgesetzt, vollwertige und gesunde Ernährung bedeute vor allem eines: Verzicht. Wenn man nur noch an rohen Möhren nagen und stilles Wasser trinken darf – so scheinen einige zu denken –, ist es vorbei mit der Lebensfreude. In Wirklichkeit ist das Gegenteil der Fall: Mit unserer heutigen Ernährungsweise machen wir uns das Leben kaputt! Sie macht uns nicht nur körperlich, sondern auch psychisch zu schaffen, wie ich im folgenden Abschnitt noch zeigen werde. Dabei wäre es mit einer zunächst regenerativen und schließlich natürlichen Landwirtschaft ohne Weiteres möglich, nährstoffreiche Lebensmittel auch in großen Mengen zu produzieren. Qualität und Quantität müssen in Zukunft kein Widerspruch mehr sein.

## Richtige Ernährung macht zufrieden

Das Hunza-Tal liegt im Norden Pakistans. Dort wird traditionell Ackerbau auf Terrassen betrieben, bewässert durch das Gletscherwasser der umliegenden Berge. Diese zählen mit einer Höhe von bis zu knapp 7800 Metern zu den höchsten der Welt. Noch vor 100 Jahren lebte das Bergvolk der Hunza ein einfaches Leben mit einer fleischarmen, weitgehend naturbelassenen Kost und einer jährlichen Fastenperiode. Die Hunza galten als ehrliche, offene und gastfreundliche Menschen. Dank dieser Eigenschaften wurden sie oft mit den Tibetern verglichen. Außerdem standen die Hunza in dem Ruf, nur selten krank zu sein und besonders alt zu werden. Viele Krankheiten, die in anderen Teilen der Welt um sich griffen, waren im Hunza-Tal noch im frühen 20. Jahrhundert unbekannt. Zu dieser Zeit kam auch Sir Robert McCarrison, der Pionier der Erforschung des Zusammenhangs von Ernährung und Gesundheit, als Amtsarzt des British Empire mit den Hunza in Kontakt. Er lebte später sogar einige Zeit bei ihnen, um ihre Lebens- und Ernährungsweise näher kennenzulernen.

**Völker mit vielen fröhlichen, friedlichen und oft noch im hohen Alter leistungsfähigen Menschen ernähren sich meist anders als wir.**

Das Grundnahrungsmittel der Hunza waren Fladenbrote aus Weizen, Buchweizen und Hirse, die nur sehr kurz erhitzt und dann mit je nach Jahreszeit verfügbaren Gemüsen, einigen wenigen Ziegenmilchprodukten und nur an Festtagen mit etwas Fleisch gegessen wurden. Zur täglichen Ernährung dieses Volks gehörten außerdem frische oder getrocknete Aprikosen, deren Kerne und das Öl daraus. Die Hunza kannten keinen raffinierten Zucker und hatten nur sehr wenig Salz zur Verfügung. Der Eiweißbedarf der Menschen in diesem abgelegenen Tal wurde weitgehend aus pflanzlichen Quellen gedeckt.

Sir Robert McCarrison beschrieb die Hunza als fröhliche, ausgeglichene und nicht zuletzt auffallend leistungsfähige Menschen, denen selbst sehr anstrengende Arbeit anscheinend nicht schwerfiel. Auch erlebte er viele Hochbetagte unter den Hunza, die noch vital waren. Sie wurden sowohl in Familienaufgaben als auch in die anfallenden Arbeiten der Landwirtschaft integriert. Für McCarrison war die Ernährungsweise der Hunza der Hauptgrund für ihre gute Gesundheit, hohe Lebenserwartung und innere Ausgeglichenheit. Zurück in England suchte er nach einer Möglichkeit, diesen für ihn offensichtlichen Zusammenhang empirisch zu belegen. Deshalb entschloss er sich zu einem Experiment mit Ratten. Warum gerade Ratten? Diese Tiere können sich von allem ernähren, was auch Menschen zu sich nehmen. Deshalb fallen sie so gerne über unsere Essensreste her, wenn wir unseren Müll nicht beseitigen und unter Verschluss halten. Außerdem entwickeln Ratten oft ähnliche Krankheitssymptome wie Menschen – bloß sehr viel schneller, da sie eine wesentlich geringere Lebenserwartung haben. Nach McCarrisons Auffassung entsprach ein Jahr im Leben einer Ratte mehreren Jahrzehnten eines Menschenlebens. Innerhalb weniger Monate hoffte er deshalb herauszufinden, wie sich eine bestimmte Ernährung auf die Gesundheit auswirken würde.

Bei seinem Versuch teilte McCarrison 3600 Ratten in drei Gruppen ein: Die erste Gruppe erhielt Nahrung entsprechend den Gewohnheiten der pakistanischen Hunza, also mit viel rohem Gemüse und Dörrfrüchten, Vollkorngetreide wie Buchweizen und Hirse sowie Hülsenfrüchten. Nur selten erhielt diese Gruppe Fleisch und Milchprodukte. Die zweite Gruppe wurde so ernährt, wie es in anderen Teilen Indiens – Pakistan war damals noch

Im Tierversuch wurden Ratten mit unserer westlichen Ernährung immer aggressiver, lieferten sich Kämpfe und entwickelten Kannibalismus.

nicht unabhängig – verbreitet war: Sie bekam viel gekochtes Gemüse mit Nüssen und geschältem Reis, jedoch ebenfalls nur wenig Fleisch. Die dritte Gruppe erhielt schließlich jene moderne Kost, wie sie damals in England bereits üblich war: sehr viel Fleisch, Weißbrot, gesüßte Kuhmilchprodukte, Gebäck aus Weizenmehl, Marmelade und Süßigkeiten. Wie ging das Experiment aus?

Die erste Gruppe von Ratten, also die mit der Hunza-Ernährung, blieb durchweg gesund. Diese Ratten lebten auch am längsten. McCarrison fiel auf, dass Ratten in einem Alter, das ungefähr einem 90-jährigen Menschen entspricht, hier noch ausgesprochen vital waren. Auch dauerte die Gebärfähigkeit der Weibchen in dieser Gruppe länger an als sonst bei Ratten üblich. Die Gruppe der Ratten mit der indischen Ernährung war im Vergleich dazu bereits von Krankheiten geplagt und hatte eine kürzere Lebenserwartung. Geradezu erschreckend entwickelte sich jedoch die Gruppe mit der westlichen Ernährung. Hier zeigte sich bereits nach relativ kurzer Zeit eine ganze Fülle von Krankheiten, wie sie auch für moderne westliche Menschen typisch sind. Das reichte von Karies und Haarausfall über verschiedenste Entzündungen bis hin zu Herzkrankheiten und Krebs. Fast noch auffälliger waren die Unterschiede im Sozialverhalten: Die Ratten mit der Hunza-Ernährung blieben über den gesamten Versuchszeitraum friedlich. Sie wirkten auf McCarrison zufrieden – sofern sich dies von Tieren behaupten lässt. In der indisch ernährten Gruppe kam es hin und wieder zu kleineren Konflikten, die dann aber gelöst wurden. Völlig aus dem Ruder lief das Sozialverhalten dagegen bei den Ratten mit der westlichen Ernährung: Schon nach wenigen Tagen kam in dieser Gruppe große Unruhe auf. Über den Versuchszeitraum wurden die Ratten dann immer aggressiver und lieferten einander zunehmend blutige Kämpfe. Die Situation eskalierte am Ende derart, dass es zu Kannibalismus kam.

Während der letzten hundert Jahre ist McCarrisons Rattenexperiment oft kritisiert und in seinen Schlussfolgerungen angezweifelt worden. Dabei kam die Kritik weniger von besorgten Tierschützern als von Menschen, die den Zusammenhang zwischen Ernährung, Gesundheit und Wohlbefinden nicht wahrhaben wollten. McCarrison und anderen Gesundheitsexperten, die ins Tal der Hunza reisten – darunter übrigens auch der Schweizer Arzt Dr. Bircher, der Erfinder des gleichnamigen Müslis –, wurde vorgeworfen, weltfremd und fortschrittsfeindlich zu sein. Sie verklärten die Lebensweise naturnah lebender Völker, meinten die Kritiker. Tatsächlich lassen Tierversuche immer nur bedingt Rückschlüsse auf den Menschen zu. Beim Rattenexperiment von Sir Robert McCarrison ist gleichwohl zu bedenken, dass er damit lediglich reproduzierbar belegen wollte, was er bei Menschen längst beobachtet hatte: Die Hunza waren fast alle kerngesund, die Menschen in England von allen möglichen Krankheiten geplagt, während die meisten Inder irgendwo in der Mitte lagen. Und während die Hunza jedem Fremden freundlich und offen begegneten, hatten die Menschen mit der modernen Ernährungsweise gerade einen Weltkrieg hinter sich gebracht und rüsteten sich für den nächsten.

## Tom Brady ernährt sich anders als der Durchschnittsamerikaner

**Selbstbeobachtung ist der erste Schritt zu besserer Ernährung. Macht eine ganze Tafel Milchschokolade wirklich glücklich und zufrieden?**

Wer heute etwas über den Zusammenhang zwischen Ernährung, Vitalität und Wohlbefinden erfahren möchte, braucht weder zu Naturvölkern zu reisen noch muss er dazu Tierversuche machen. Bereits durch aufmerksame Selbstbeobachtung lässt sich eine Menge darüber in Erfahrung bringen, wie sich der Verzehr bestimmter Lebensmittel auf Vitalität, Wohlbefinden und innere Ausgeglichenheit auswirkt. Wie zum Beispiel fühlen wir uns, nachdem wir eine ganze Tafel Milchschokolade in uns hineingestopft haben? Glücklich und zufrieden – oder vielleicht doch eher schlecht? Und wie sieht das erst aus, wenn es jeden

Abend eine Tafel Schokolade sein »muss«? Der Genuss wird immer flüchtiger, dafür meldet sich das schlechte Gewissen. Jede Form von Sucht, auch in ihren gemäßigten Ausprägungen, macht unzufrieden, da wir wie unter Zwang handeln und sich das niemals gut anfühlt. Man muss jedoch nicht erst süchtig werden, um sich durch falsches Essen den Tag zu ruinieren. Wer zum Beispiel am späten Abend eine große Portion dunkles Fleisch isst, begleitet von zwei Gläsern Rotwein, braucht sich nicht zu wundern, wenn am nächsten Tag die Luft raus ist. Wie im vorherigen Kapitel bereits geschildet, habe ich mich auf meinen beruflichen USA-Reisen durch das viele Weißbrot und Fast Food schnell kraftlos gefühlt. Nach einer Woche mit dieser Art von Ernährung spürte ich dann sogar eine leichte Gereiztheit. Ich wollte am liebsten nach Hause – während ich in China oder Südamerika immer gerne auch länger geblieben bin.

Für die meisten Menschen ist es nicht so schlimm, wenn sie einmal einen Tag oder sogar eine Woche nicht so fit sind. Anders sieht das im Spitzensport aus. Hier ist es das Ziel, jederzeit seine Höchstleistung abrufen zu können – unterbrochen von möglichst effektiven Trainings- und Regenerationseinheiten. Bereits kleine Ausrutscher bei der Ernährung können sich im Spitzensport als Leistungsdelle zeigen. Es ist daher kein Wunder, dass sich Profisportler heute intensiv mit dem Thema Ernährung befassen. Xabi Alonso zum Beispiel, der Bayer Leverkusen als Trainer zum ersten Meistertitel der Vereinsgeschichte geführt hat, galt schon zu seiner Zeit als aktiver Fußballer bei Real Madrid und Bayern München als sehr wählerisch bei seinem Essen. Heute legt er großen Wert auf gemeinsame Mahlzeiten mit der Mannschaft und hat persönlich ein Auge darauf, was auf den Tisch kommt. Nationalspieler Thomas Müller vom FC Bayern ist sogar passionierter Hobbykoch. Gemeinsam mit einem Ernährungswissenschaftler hat er ein Kochbuch herausgegeben, das Familien zeigt, wie man mit frischen Produkten ohne großen Aufwand gesundes Essen auf den Tisch bringt.

**Tom Brady konnte sich auch durch seine Ernährung bis Mitte 40 an der absoluten Spitze des American Football halten.**

Noch einen Schritt weiter ist Tom Brady gegangen. Der siebenmalige Gewinner der »Super Bowl« im American Football und erfolgreichste Spieler in der Geschichte dieser Sportart entwickelte bereits vor einigen Jahren sein eigenes Ernährungskonzept. Der Öffentlichkeit präsentierte er es zum ersten Mal in einem Buch, das die zwölf Bausteine seines sportlichen Erfolgs behandelt. Einer dieser Bausteine ist die Ernährung. Nach eigener Aussage hat Tom Brady durch richtiges Essen seine Verletzungshäufigkeit senken, seine Leistung steigern, nötige Regenerationszeiten verkürzen und seinen Gesundheitszustand insgesamt deutlich verbessern können. Wenn er gefragt wird, wie er es geschafft hat, sich bis zum Alter von Mitte 40 in einer der härtesten Mannschaftssportarten an der absoluten Spitze zu halten, nennt er seine Ernährung an erster Stelle.

**Viel Obst und Gemüse, wenig Fleisch, Zucker und Salz, kein Alkohol: Das ist im Grunde einfach eine natürliche Ernährungsweise.**

Die Basis von Tom Bradys Ernährungsphilosophie bilden frische und vollwertige, weitgehend unverarbeitete Lebensmittel. Obst und Gemüse spielen eine große Rolle und stehen in größeren Mengen auf dem Speiseplan als von den meisten Ernährungsexperten empfohlen. Weitgehend verbannt oder zumindest stark eingeschränkt sind Lebensmittel, die im Verdacht stehen, Entzündungen im Körper auszulösen oder zu begünstigen. Dazu zählen für Tom Brady unter anderem raffinierter Zucker, Salz, Transfette und gesättigte Fettsäuren sowie Alkohol. Das Ernährungskonzept des Amerikaners ist mit einem Anteil von rund 80 Prozent hauptsächlich pflanzenbasiert und umfasst nur wenig Fleisch oder überhaupt tierische Produkte. Sämtliche Lebensmittel sollten seiner Meinung nach aus biologischer Landwirtschaft stammen sowie regional und saisonal sein. Bei tierischen Produkten ist Tom Brady wichtig, dass die Tiere viel Auslauf haben, frisches Gras und Heu statt Soja oder Mais als Futter bekommen und nicht mit Hormonen oder Antibiotika behandelt werden. Fisch und Meeresfrüchte sollten aus zertifiziertem Fang stammen und keinesfalls aus Zuchten. Zum Ernährungskonzept von Tom

Brady gehören schließlich noch einige praktische Tipps. Dazu zählt etwa, drei Stunden vor dem Schlafengehen nichts mehr zu essen und bei jeder Mahlzeit mit dem Essen aufzuhören, wenn man sich zu 75 Prozent gesättigt fühlt. Auch sollten Fleischportionen nie größer sein als die eigene Handfläche.

Was fällt bei der Ernährungsphilosophie von Tom Brady auf, wenn man einmal von den Details absieht und auf das große Ganze schaut? Es ist im Grunde einfach eine *natürliche* Ernährungsweise, wie sie sich in verschiedenen Varianten auch bei zahlreichen indigenen Völkern findet. Auch unsere frühen Vorfahren, die Jäger und Sammler, ernährten sich von viel frischen Früchten und Gemüsen und nur wenig Fleisch, wie ich an anderer Stelle bereits beschrieben habe. Das Erfolgsrezept von Tom Brady beruht in weiten Teilen darauf, die Uhr zurückzudrehen auf eine Zeit vor dem 20. Jahrhundert, als Lebensmittel noch ursprünglicher, unbehandelter und weniger verarbeitet waren.

## Nahrungsergänzungsmittel und ihr großer Nachteil

Unsere landwirtschaftlichen Erzeugnisse enthalten heute nicht mehr dasselbe Maß an Nährstoffen wie vor Beginn des 20. Jahrhunderts. An dieser Tatsache kommt auch ein Tom Brady nicht vorbei. Folgerichtig verzichtet auch er nicht ganz auf die im Spitzensport üblichen Nahrungsergänzungsmittel. Er legt allerdings Wert darauf, dass diese aus natürlichen Rohstoffen gewonnen werden und nicht aus dem Labor stammen. Eine deutsche Sportlerlegende widmete sich während der letzten Jahrzehnte sogar der Suche nach einem Nahrungsergänzungsmittel, das nach Möglichkeit sämtliche Nährstoffdefizite ausgleichen kann. Gerd Truntschka galt zu seiner aktiven Zeit zwischen 1975 und 1994 als einer der technisch besten deutschen Eishockeyspieler. Insgesamt absolvierte er fast 900 Spiele in der ersten Eishockey-Bundesliga und über 200 Spiele mit der Nationalmannschaft. Der Ausnahmesportler nahm an den Olympischen Winterspielen von

Lake Placid, Sarajewo, Calgary und Albertville teil. Als Mitte der 1970er-Jahre noch niemand im Sport groß an richtige Ernährung dachte, machte der junge Gerd Truntschka bereits erste Beobachtungen. So erinnert er sich in einem Gespräch mit *Focus Online*, wie es einmal nach dem Training abends einen Fondue-Abend gab und das viele Fleisch nicht nur ihm wie ein Stein im Magen lag. Die Leistung des Teams ging am nächsten Tag in den Keller – worüber die meisten Spieler anscheinend nicht groß nachdachten.

**Natürliche Nahrungsergänzung ist in der Lage, die Defizite unserer heutigen Lebensmittel zum Teil zu kompensieren.**

Anders Gerd Truntschka. Er dachte nicht nur nach, sondern änderte auch seine Ernährung. In den folgenden Jahren setzte er auf sehr viel frisches Obst und Gemüse. Das war für ihn schließlich auch der Ersatz für diverse Pillen gegen Erkältungen. Grippale Infekte waren im Eishockey nämlich häufig. Top-Spieler hatten rund 100 Spiele im Jahr zu absolvieren. Zu viel für einen Körper, der nicht ausreichend mit Nährstoffen versorgt ist. Am Ende jeder Saison schleppten sich selbst die Härtesten auf dem Eis nur noch von Erkältung zu Erkältung. Gerd Truntschka fragte sich: Warum handelt man nicht vorbeugend, sondern regiert immer erst, wenn etwas nicht mehr richtig funktioniert? Aufgrund guter Erfahrungen mit der eigenen, inzwischen weiter optimierten Ernährung mit Obst und Gemüse, Vollkornprodukten und nur wenig Fleisch besorgte er sich einschlägige Fachliteratur. Dabei stieß er auf die sogenannten Mikronährstoffe, das sind vor allem Vitamine, Spurenelemente und essenzielle Fettsäuren. Auch sekundäre Pflanzenstoffe zählen dazu, wobei es sich um chemische Verbindungen handelt, die einer Pflanze zum Beispiel ihren Duft oder ihre Farbe geben. Mikronährstoffe sind an unserem Stoffwechsel beteiligt und wichtig für das Immunsystem. Außerdem können sie Ausdauer und Konzentration steigern und eine schnelle Regeneration nach Belastungen unterstützen. Alles Punkte, die für einen Spitzensportler wichtig sind. Gerd Truntschka entnahm der Fachliteratur, dass unsere moderne Ernährung grundsätzlich nicht genügend Mikronährstoffe enthält. Gleichzeitig misstraute er jedoch Produkten aus dem Labor. Seine

Überzeugung war, dass synthetischen Vitaminen die »Synergien« von Erzeugnissen aus der Natur fehlen. Darin bestätigte ihn eine in der renommierten Fachzeitschrift *Nature* veröffentlichte Studie, nach der man fast 1500 Milligramm isoliertes Vitamin C aus dem Labor bräuchte, um die gleiche antioxidative Wirkung zu erzielen wie mit den sieben Milligramm Vitamin C aus einem Apfel.

Gerd Truntschka begann schließlich mit Unterstützung von Experten, ein aus natürlichen Zutaten gewonnenes Nahrungsergänzungsmittel zu entwickeln. Dabei war es vor 30 Jahren durchaus nicht einfach, in ausreichender Menge an Bioprodukte als Rohstoffe zu kommen. Noch als aktiver Spieler experimentierte Truntschka in der eigenen Küche und überzeugte als Erstes seine Mitspieler von seinem Gebräu aus Obst, Gemüse und Kräutern. Nach dem Karriereende wurde er dann nicht Trainer oder Vereinsmanager wie so viele Ex-Profis, sondern wagte mit seinem Nahrungsergänzungsmittel den Schritt in die Selbstständigkeit. Auf eher unprofessionelle Weise verkaufte er im ersten Jahr gerade einmal 300 Flaschen. Doch die Sache mit dem Nährstofftrank sprach sich herum – zunächst unter Sportlern, schließlich auch unter Menschen, die bereit und in der Lage waren, sich gesundheitsbewusste Ernährung einiges kosten zu lassen. Damit sind wir beim Thema Preis.

**Hochwertige Nahrungsergänzung ist teuer und kann auf die Dauer keine Lösung sein. Wir brauchen gesündere Lebensmittel.**

Der Preis ist der große Nachteil aller Nahrungsergänzungsmittel, die wirklich etwas bringen und nicht bloß Augenwischerei sind. Auch das Produkt der mittlerweile überaus erfolgreichen Firma von Gerd Truntschka ist teuer. Für normalverdienende Haushalte sind hochwertige Nahrungsergänzungen oft zu kostspielig, um die Familie damit zu versorgen. Entsprechend skeptisch sind die Verbraucherzentralen gegenüber Nahrungsergänzungsmitteln, egal, ob sie aus dem Labor stammen oder aus der Natur. Menschen, die sich ausgewogen ernährten, bräuchten sie grundsätzlich nicht, urteilt zum Beispiel die Verbraucherzentrale NRW. Doch wie wir sonst der Nährstoffarmut unserer heutigen landwirtschaftlichen Produkte und den dadurch ausgelösten chronischen Krankheiten begegnen sollen, verraten die Verbraucherzentralen nicht.

Deshalb ist es so wichtig, in die Zukunft zu blicken. Selbst die besten und natürlichsten Nahrungsergänzungsmittel sind nur eine Übergangslösung, die sich zu wenige Menschen leisten können und wollen. Je schneller es gelingt, unsere pflanzliche Nahrung wieder aus gesunden Böden zu gewinnen – und gesunde Tiere zu halten –, desto früher können wir auf Nahrungsergänzungsmittel verzichten. Die Nahrungsmittel der Zukunft werden nicht teurer, sondern aus ganzheitlicher Perspektive sogar günstiger sein als unsere heutigen Produkte. Eines haben Tom Brady und Gerd Truntschka allerdings vollkommen richtig erkannt und umgesetzt: Für eine gesunde Ernährung müssen wir den Blick wieder mehr auf die unverfälschten Früchte der Natur richten.

## Alles Gute kommt aus der Erde

Im Jahr 2012 hatte der Agrarökonom Dr. Christoph Schmitz ein Schlüsselerlebnis. Er war gerade auf dem Hof seiner Eltern im Rheinland, als eine Schülergruppe mit ihrer Lehrerin zu Besuch kam. Solche Führungen für Schulklassen waren auf dem Hof nichts Besonderes. Christoph Schmitz hatte sich bisher nie groß dafür interessiert, wie so etwas ablief. Aber diesmal war es anders. Spontan schloss er sich der Gruppe an, um einmal mitzuerleben, was Jugendliche bei seinen Eltern lernten. Zunächst war das für ihn ein Schock. Denn es zeigte sich bei der Einstiegsrunde, dass es den Schülern selbst an den grundlegendsten Kenntnissen über Pflanzen, Tiere und Nahrungsmittelproduktion mangelte. Sie kannten die fertig abgepackten Produkte aus dem Supermarkt, konnten ihre Geschmacksvorlieben und Lieblingsgerichte benennen, hatten aber keine Ahnung, wie die Würstchen, Pommes oder Tomatensoßen eigentlich erzeugt wurden. Dann beobachtete

Schmitz jedoch, dass sich die Jugendlichen erreichen ließen, sobald sie erst einmal auf einem Feld oder einer Weide standen. Am Ende ihres Besuchs wussten die Schüler, dass Fleisch von fühlenden Wesen stammt, die Schmerzen empfinden können. Sie hatten begriffen, wie viel Geduld und Sorgfalt die Aufzucht von Gemüse benötigt. Und ganz zum Schluss hatten sie sogar frische Produkte vom Hof probieren dürfen. Diese schmeckten ihnen viel besser als das, was ihre Eltern beim Discounter kauften.

**Man muss bereits in der Schule ansetzen, um mehr Menschen für natürliche Lebensmittel und gesunde Ernährung zu begeistern.**

Christoph Schmitz ging dieser Vormittag nicht mehr aus dem Kopf. Er hatte miterlebt, wie sehr Kinder und Jugendliche heute tatsächlich von der Natur und den landwirtschaftlichen Grundlagen unserer Ernährung entfremdet sind. Dabei war er selbst bereits Autor einer wissenschaftlichen Arbeit zur Entfremdung der Bevölkerung von Lebensmitteln. Ihm wurde spätestens jetzt klar, dass man in der Schule ansetzen muss, wenn sich mehr Menschen für nachhaltige Landwirtschaft, natürliche Lebensmittel und gesunde, ausgewogene Ernährung begeistern sollen. Gemeinsam mit seiner Schwester, einer Lehrerin, entwickelte er deshalb ein Bildungsprogramm für Schulen zum Thema Lebensmittelerzeugung. In der Nähe ihrer Schule sollten die Schüler über 25 verschiedene Gemüsesorten biologisch anbauen und somit ganz praktisch alles über Nachhaltigkeit, gesunde Böden und richtige Ernährung lernen. Zwar war die Grundidee eines Schulgartens keineswegs neu, doch hier sollte ein ausgeklügeltes pädagogisches Konzept entstehen, das möglichst viele Schulen mit geringem Aufwand für die Lehrkräfte übernehmen können. Dieses Konzept heißt heute GemüseAckerdemie und ist ein ganzjähriges Bildungsprogramm an inzwischen über 1200 Schulen in Deutschland, Österreich und der Schweiz. Es umfasst vorbereitende Fortbildungen für die Lehrkräfte und umfangreiche Begleitmaterialien. Zum Programm gehört außerdem, dass die Schüler auf ihrem »Schulacker« regelmäßig Besuch von Biologen, Nachhaltigkeitswissenschaftlern, Ernährungsprofis und anderen Experten bekommen, die ihnen größere Zusammenhänge erklären.

Mittlerweile hat das Bildungsprogramm, das sich ausdrücklich an den 17 Zielen für nachhaltige Entwicklung der Vereinten Nationen orientiert, neben vielen anderen Auszeichnungen auch zwei Preise der UNESCO erhalten.

Wir brauchen in den nächsten Jahren noch mehr solcher praktischer Bildungsprogramme. Menschen werden sich vor allem dann für eine natürlichere Lebens- und Ernährungsweise entscheiden, wenn sie wieder mehr in Kontakt mit der Natur kommen und ökologische Zusammenhänge selbst begreifen. Es gibt hier kaum einen besseren Weg, als bei Kindern und Jugendlichen anzusetzen, denn das sind die Unternehmer, Managerinnen, Mitarbeiter und Verbraucherinnen von morgen. Es werden allerdings auch Erwachsene umdenken und ihr Ernährungsverhalten ändern müssen, wenn wir nicht noch mehr Krankheiten behandeln wollen. Das 20. Jahrhundert war ein Zeitalter der immer weitergehenden Entfremdung von der Natur und Zerstörung der natürlichen Grundlagen unserer Ernährung. Das 21. Jahrhundert muss eines sein, in dem wir uns wieder auf die Natur besinnen und Nahrungsmittel auf natürliche Weise erzeugen. Wir wissen jetzt, dass wir es selbst nicht besser können als die Natur.

## Warum ernähren wir uns eigentlich nicht wie Menschen?

Bereits heute habe ich am liebsten auf dem Teller, was noch seine natürliche Struktur besitzt, wenn es aus der Küche kommt. Eine ganze Kartoffel zum Beispiel. Gemüse, so wie es vom Feld kommt, roh oder auf den Punkt gegart. Ab und zu ein ehrliches Stück Fleisch. Auf Paniertes, Frittiertes oder Zerkleinertes und zu Klopsen Verarbeitetes verzichte ich nicht mit Leidensmiene, sondern ich mag es schlicht und einfach nicht mehr so wie früher. Sicher braucht es bei vielen Menschen heute eine gewisse Gewöhnungszeit, um sich natürlicher und gesünder zu ernähren. Das Belohnungssystem im Gehirn ist bei fast allen von uns falsch

Gewohnheiten zu ändern ist nur in der Umstellungsphase schwierig. Danach belohnt uns der Körper mit guten Gefühlen, wenn wir gesund essen.

programmiert. Doch der Körper ist intelligent und weiß im Grunde ganz genau, was ihm guttut. Nach einer Umstellungsphase belohnt er uns mit guten Gefühlen, wenn wir frisches Obst oder Gemüse essen. Der Heißhunger auf Süßigkeiten oder salzige Snacks verschwindet irgendwann und kommt auch nicht mehr wieder. Es ist ähnlich wie bei dem Entschluss, Sport zu machen: Die ersten Male Laufen oder Schwimmen kosten Überwindung. Aber dann macht es irgendwann Spaß und der Körper vermisst etwas, wenn wir den Sport ausfallen lassen.

Zu den schönsten Erlebnissen bei der Ernährung gehört es, selbst natürliche Lebensmittel zu produzieren. Für meine Enkel haben meine Kinder im Garten mehrere Hochbeete angelegt. Auch mir macht so etwas selbst nach vielen Jahrzenten in der Landwirtschaft noch Freude. Die Erkenntnisse aus der Natur werden eben niemals langweilig, sondern sind immer wieder eine Inspiration. Über ein Drittel der deutschen Haushalte befindet sich in einem Einfamilienhaus oder einer Doppelhaushälfte, wozu meistens ein Garten gehört. Muss es immer von Rhododendren gesäumter englischer Rasen sein? Noch vor hundert Jahren war es sogar für wohlhabende Haushalte üblich, einen Nutzgarten zu besitzen. Es wäre jetzt ein guter Zeitpunkt, diese Idee wiederzubeleben. Nicht unbedingt, um große Mengen an Lebensmitteln für den eigenen Bedarf zu ernten. Sondern um wieder mehr Kontakt mit der Natur und ihrer Vielfalt zu haben, den Anbau verschiedener Pflanzen kennenzulernen und neu auf den Geschmack zu kommen. Nach Angaben des Trägervereins Acker e. V. sagen 83 Prozent der Schüler, die an dem Bildungsprogramm GemüseAckerdemie teilnehmen, sie seien zunehmend neugieriger, neue Gemüsearten und -sorten zu entdecken.

**Wir schränken uns unnötig ein. Die Erde hält viel mehr für uns bereit. Es gibt noch Tausende essbare Pflanzen zu entdecken.**

Auch für viele Erwachsene hält die Natur noch Überraschungen parat. Statt Trend-Food wie Quinoa zu importieren, ließe sich zum Beispiel die Hirse neu betrachten. Energiewert und Proteingehalt sind bei beiden Körnern ähnlich hoch und der

Vitamin-E-Gehalt ist exakt derselbe. Hirse hat etwas weniger Calcium und Magnesium als Quinoa, dafür aber mehr Eisen und Zink. Im Vergleich zu den meisten anderen Getreidesorten ist Hirse außerdem glutenfrei. Hirse ist mit anderen Worten ein »Super-Grain«, das schon seit langer Zeit in Deutschland angebaut wird. Typisch für unsere heutige Ernährung ist, dass wir uns im Hinblick auf die mögliche Vielfalt völlig unnötig einschränken. Professor David Montgomery und Anne Biklé raten in ihrem Buch *What Your Food Ate*, wir sollten endlich anfangen, uns »wie Menschen« zu ernähren. Was meinen sie damit? Der Mensch ist biologisch gesehen ein Allesesser, ein Omnivore. Darin besteht eine große Chance für gesunde Ernährung, die wir im Moment kaum nutzen. Denn je größer das Spektrum der Erzeugnisse aus der Natur, die wir regelmäßig konsumieren, desto höher die Wahrscheinlichkeit, dass wir damit sämtliche Nährstoffe aufnehmen, die unser Körper braucht. Es gibt allein über 200 000 Blühpflanzen, so Montgomery und Biklé, die für den Menschen essbare Teile besitzen. Auf unserem Speiseplan stehen bis jetzt nur weniger als 300 davon. Aus nicht einmal 20 dieser Pflanzen gewinnen wir heute über 90 Prozent unserer pflanzlichen Nahrung! Es ist an der Zeit, zum ersten Mal in der jüngeren Geschichte der Menschheit zu entdecken, was die Erde alles für uns bereithält.

## Gutes Essen aus gesunden Böden wird sich durchsetzen

Auf absehbare Zeit werden wir unsere Lebensmittel weiter zu einem großen Teil in den Supermärkten und bei den Discountern kaufen. Dagegen ist im Prinzip überhaupt nichts einzuwenden, denn der heutige Lebensmittelhandel ist effizient und ermöglicht breiten Bevölkerungsschichten verlässlichen Zugang zu Grundnahrungsmitteln. Auch ist die moderne Landwirtschaft in der Lage, tagesfrisches Obst und Gemüse portionsgerecht in die Supermärkte zu bringen. Der Trend, diese auch regional zu produzieren, lässt sich nicht mehr aufhalten und wird durch die digitale Vernetzung kostenneutral möglich. Entscheidend ist, welche

Qualität wir im Handel vorfinden. Werden Lebensmittel in spätestens 20 Jahren weitgehend aus gesunden Böden stammen? Ich bin hier sehr optimistisch, obwohl Bücher wie *Das Salz-Zucker-Fett-Komplott* oder *Gefährlich lecker* zunächst einmal das Gegenteil nahelegen. Sie zeichnen das Bild einer manipulativen Lebensmittelindustrie, die mit ungesunden Produkten viel Geld verdient und uns mit ihrem Marketing fest im Griff hat. Obwohl vieles, was in solchen Büchern steht, sicherlich die Realität der letzten Jahre und Jahrzehnte zutreffend abbildet, gibt es eine Tatsache, die selbst von den neuesten Veröffentlichungen unterschlagen wird: In der Lebensmittelindustrie hat ein Umdenken eingesetzt – und dieses neue Denken geht von »ganz oben« aus, von den CEOs der großen Food Player. Ich werde auf dieses Thema im übernächsten Kapitel noch näher eingehen.

**Bodengesundheit und regenerative Landwirtschaft werden teilweise bereits zum erklärten Ziel der Lebensmittelindustrie.**

Heute ist regenerative Landwirtschaft in den Führungsetagen der Lebensmittelkonzerne bereits kein Fremdwort mehr. Sie ist im Gegenteil immer öfter ein erklärtes Ziel. So gaben etwa McCain Foods, der weltgrößte Hersteller von Kartoffelprodukten, und McDonald's Canada im Sommer 2022 bekannt, eine millionenschwere Stiftung ins Leben zu rufen, die es Kartoffelfarmern erleichtern soll, die Bodengesundheit zu verbessern und auf regenerative Landwirtschaft umzustellen. Nach Informationen von ihrer Website will McCain bis zum Jahr 2030 seine Kartoffeln komplett aus regenerativer Landwirtschaft beziehen. McDonald's erklärte, seine »weltberühmten Pommes« nähmen ihren Anfang in »gesunden Böden«. Eine solche Aussage seitens des Managements eines Fast-Food-Riesen hätte man sich vor wenigen Jahren noch kaum vorstellen können. Mir ist bewusst, dass in solch einem Fall schnell Vorwürfe wie »Greenwashing« oder »Feigenblatt« laut werden. Gleichzeitig weiß ich aus persönlichen Gesprächen mit Top-Executives der Lebensmittelbranche, dass die Konzerne es wirklich ernst meinen. Es wird sicher noch ein langer Weg sein zu gesunden Lebensmitteln für alle, aber ein Anfang ist gemacht. Kein Großunternehmen kommt heute mehr daran vorbei, Nachhaltigkeitsziele zu erfüllen. Das ist auch eine Chance für eine natürlichere und gesündere Ernährung.

Gleichzeitig müssen nun auch die Verbraucher ihren Teil zu einem Neuanfang bei der Ernährung beitragen. Welche Produkte legen wir in den Einkaufswagen? Mit diesen Produkten steuern wir in einer Marktwirtschaft auch das Angebot. Dahinter steht ein kulturelles Thema: Wir müssen uns umgewöhnen bei dem, was wir auf unseren Tellern vorfinden. Das geht nicht von heute auf morgen. Wenn ich aber an den Vegan-Trend denke, der vor etwas über zehn Jahren einsetzte und in relativ kurzer Zeit dazu führte, dass sehr viele Restaurants vegane Gerichte auf den Speisekarten hatten, dann zeigt mir das, wie schnell Veränderungen manchmal eben doch möglich sind. Der vielleicht größte Motor des Wandels bei der Ernährung könnte es dabei sein, dass gutes Essen aus gesunden Böden einfach auch sehr gut schmeckt. Es macht außerdem satt, führt nicht zu Heißhungerattacken und sorgt dafür, dass man fit und gesund bleibt. Je mehr Menschen dies am eigenen Leib erleben, desto schneller wird sich die Gesellschaft im Hinblick auf Ernährung umgewöhnen.

# 6 Technologie

Um 1900 konnte ein landwirtschaftlicher Betrieb in Deutschland vier Menschen ernähren. Im Jahr 1960, mit dem Aufkommen der chemisch-industriellen Landwirtschaft, waren es schon 17 Menschen. 1990 vermochte ein Landwirt bereits 69 Menschen mit Nahrung zu versorgen. Heute ernährt ein einziger Betrieb bei uns 139 Menschen. Das ist neuer Rekord und achtmal mehr als vor 60 Jahren. Diese riesige Produktivitätssteigerung in der Landwirtschaft ist keineswegs nur auf Kunstdünger und chemische Pestizide zurückzuführen. Auch die Züchtung neuer Pflanzensorten oder die künstliche Beregnung erklären den Schub nicht allein. Ein großer Anteil an dem enormen Produktivitätsschub der letzten Jahrzehnte geht vielmehr auf das Konto der Landtechnik. Ein Mähdrescher der neuesten Generation zum Beispiel hat um die 700 PS, fährt mit rund 6 bis 8 km/h über ein Feld und drischt dabei bis zu 100 Tonnen Getreide pro Stunde. Die Technik ist derart ausgereift, dass der Ernteverlust weniger als ein Prozent beträgt. Eine solche Effizienz hätten sich frühere Generationen von Landwirten kaum vorstellen können. Das witterungsbedingt oft nur kurze Zeitfenster, in dem Getreide sowohl erntereif als auch trocken genug ist, um geerntet zu werden, konnte in der Vergangenheit oft nicht optimal genutzt werden.

**Schwere Landmaschinen drücken den Boden zusammen, der danach wieder aufgelockert wird – beides auf Kosten der Bodengesundheit.**

Moderne Landmaschinen sind beeindruckend – sie sind allerdings auch tonnenschwer. Bereits ein ganz normaler Traktor bringt es heute schnell auf über zehn Tonnen Leergewicht. Hinzu kommen die Anhänger oder Maschinen, die der Trecker über die Flächen zieht. Manchmal braucht es noch Ballastgewichte von bis zu fünf Tonnen, um die Balance zu halten. Andernfalls würden die Räder des Treckers abheben. Dass es dem Boden nicht guttut, wenn man ständig mit tonnenschwerem Gerät darüber rollt, weiß eigentlich jeder Landwirt. Die Erde wird zusammengedrückt wie alte Autos in der Schrottpresse. Man setzt daher weitere Maschinen ein, die den Boden mechanisch wieder auflockern. Beides, das ständige Überfahren ebenso wie das Auflockern, hat verheerende Folgen für die Bodengesundheit.

## Primitiv, dann kompliziert, dann einfach

Seit vielen Jahren habe ich nun schon Führungspositionen in der Landmaschinenindustrie inne. Eine persönliche Frage stelle ich Bewerbern immer wieder gerne. Sie lautet: »Was ist Ihre Lieblingsmaschine?« Nur selten habe ich es in Bewerbungsgesprächen erlebt, dass mein Gegenüber darauf nicht spontan und mit einem Leuchten in den Augen geantwortet hätte. Landtechniker und besonders Konstrukteure von Landmaschinen machen ihren Job mit Herzblut und können sich oft gar nicht vorstellen, in einer anderen Branche zu arbeiten. Als ich in den 2000er-Jahren Geschäftsführer eines großen Landmaschinenherstellers war, eröffnete im selben kleinen Ort in Niedersachsen, wo sich der Firmensitz befand, auch der Autozulieferer ZF einen Entwicklungsstandort. Einige unserer Ingenieure wechselten damals aufgrund finanziell attraktiver Angebote zu ZF. Aber die meisten von ihnen kamen nach kurzer Zeit zurück. In dieser Branche haben viele Menschen eine sehr emotionale Bindung an die Technik, mit der sie sich befassen – nicht selten auch deshalb, weil sie schon als Kinder bei ihren Eltern oder Großeltern auf dem Bauernhof viel erlebt haben und bei ihnen dadurch schon früh die Weichen in Richtung Landtechnik gestellt worden sind.

**Erntemaschinen sind eine faszinierende und hoch produktive Technologie. Sie haben die Landwirtschaft bei uns revolutioniert.**

Bei mir ist das ganz genauso. Meine Lieblingsmaschinen sind die Erntemaschinen – Landtechniker bezeichnen sie auch als Königsmaschinen –, und darunter besonders die Mähdrescher. Mich hat es immer schon beeindruckt, dass mit diesen Maschinen die Ernte eines ganzen Jahres eingebracht wird. Die Winterfrüchte, die im Herbst des vorherigen Jahres ausgesät wurden, holt eine Erntemaschine innerhalb von wenigen Tagen oder auch nur Stunden in die Scheune. Kartoffeln könnte man direkt von der Maschine weg verkaufen, denn sie sind bereits vom Kartoffelkraut und den Erdklumpen befreit. Schon im Alter von zwölf Jahren steuerte ich im elterlichen Betrieb eigenhändig die größten Erntemaschinen, die es damals gab, über die Felder. Ich lernte auch, diese Maschinen zu warten und zu reparieren. Die Faszination, die diese Technik damals für mich hatte, ließ mich auch später als Konstrukteur und Erfinder nicht mehr los. Heute sind wir an einem Punkt, an dem wir Landtechnik ganz neu denken müssen. Die berufliche Reise geht für mich also noch ein Stück weiter, und das jetzt gemeinsam mit meinem Sohn Felix. Wir haben gerade den größten Mähdrescher der Welt auf den Markt gebracht – mit einer vollkommen neuen Basistechnologie im Vergleich zu dem, was im Landmaschinenbau bisher üblich ist. Ich werde auf diese Technologie später noch eingehen.

**Maschinen und Künstliche Intelligenz werden in Zukunft noch mehr Arbeiten erledigen. Dadurch entstehen ganz neue Möglichkeiten.**

Zusammen mit Felix habe ich immer schon gerne Technikmuseen besucht, in denen historische Traktoren und Landmaschinen zu bestaunen sind. Es gibt in Deutschland und Österreich mehr als 30 solcher Museen. Landtechnik aus vergangenen Tagen hat eine große Fangemeinde. Ein 80 oder 100 Jahre alter Traktor – so wie der legendäre Lanz Bulldog – ist bei jedem Oldtimertreffen eine der Hauptattraktionen. Historische Landmaschinen machen für mich aber auch die enorme Produktivitätssteigerung greifbar, die wir in der Landwirtschaft seit dem Zweiten Weltkrieg erlebt haben. Innerhalb weniger Jahrzehnte ist der Einsatz von Muskelkraft auf den Feldern annähernd überflüssig geworden. Ein Mähdrescher erledigt heute nicht nur, wie der Name schon sagt, das Mähen des Getreides und das Dreschen des Korns bereits auf dem Feld, sondern auch das Umladen des Korns auf die Anhänger von Traktoren. Das erfolgt während der Fahrt, sodass beim Einsatz der Maschine keine Minute Zeit verloren geht. Allein das Verladen des Ernteguts war noch vor zwei oder drei Generationen ein Knochenjob, zumal bei den während der Erntezeit oft herrschenden hochsommerlichen Temperaturen. Um 1900 arbeiteten in Deutschland noch fast zehn Millionen Menschen in der Landwirtschaft – so viele Hände wurden damals gebraucht. Im Jahr 1970 waren es, die DDR eingerechnet, mit rund 3,5 Millionen bereits deutlich weniger. Heute beschäftigt die Landwirtschaft in Deutschland nur noch etwa 930 000 Menschen, darunter bei Weitem nicht alle in Vollzeit. In naher Zukunft werden noch mehr Arbeiten auf den Feldern und in den Ställen von Maschinen und Künstlicher Intelligenz (KI) übernommen. Es ergeben sich dabei Optionen, die Menschen allein gar nicht wahrnehmen oder umsetzen könnten. Weitgehend unbemerkt von der breiten Öffentlichkeit hat die Landtechnik aktuell eine enorme Innovationsgeschwindigkeit.

## Die nächste Stufe der Digitalisierung erreicht die Felder

Alle Technik fängt primitiv an. Noch vor 25 Jahren konnte ich in China beobachten, wie das gerade geerntete Getreide auf die Straßen gekippt und dann von den Einheimischen mit dem Dreschflegel bearbeitet wurde. Mithilfe von Dreschflegeln löste man schon im Altertum die Getreidekörner aus ihren Fruchtständen, um sie anschließend weiterverarbeiten zu können. Vor der Erfindung des Dreschflegels schlugen die Bauern einfach mit Stöcken auf die Pflanzen ein. Ein einfacher Stock war auch das erste Werkzeug zur Bodenbearbeitung. Um mit einem solchen primitiven Werkzeug eine Saatfurche auf dem Feld ziehen zu können, band man es mit einem Seil an einen Ochsen, der beim Ziehen half. Später gingen aus den primitiven Stöcken dann die ersten Pflüge hervor. Die Menschen bemerkten durchaus, dass das Bodenleben durch Pflügen zerstört wurde, auch wenn dies im Altertum niemand biologisch erklären konnte. Die Römer führten deshalb die Zweifelderwirtschaft ein und ließen jedes Feld abwechselnd ein Jahr brachliegen, damit es sich regenerieren konnte. Im Mittelalter wurde daraus bei uns die Dreifelderwirtschaft mit noch mehr Rotation. Obwohl dieser Ansatz gut gemeint war, rettete er die Bodengesundheit nur zum Teil, da es auf den somit geschaffenen Schwarzbrachen unweigerlich zu Erosion kam. Die biologischen und geologischen Zusammenhänge wurden damals eben noch nicht verstanden.

**Heute kann ein Hobbylandwirt schon damit überfordert sein, mit seinem Traktor einen Anhänger anzukuppeln.**

Das änderte sich auch kaum, als im Zuge der Industrialisierung in immer kürzerer Zeit immer mehr technische Innovationen auf die Felder rollten. Lange vor der vollautomatischen Landtechnik gab es mechanische Sämaschinen und Dreschmaschinen sowie erste Geräte zur Bodenbearbeitung. Als im Verlauf des 20. Jahrhunderts Automobile und Lastwagen zum selbstverständlichen Teil unseres Alltags wurden, setzte auch die Landwirtschaft immer mehr auf die Unterstützung durch Verbrennungsmotoren. Bereits im 19. Jahrhundert war mit Dampfmaschinen in der Landwirtschaft experimentiert worden, was sich aber nicht bewährte, da diese zu schwer, zu umständlich und für den Einsatz auf den Feldern zu unsicher waren. Im Jahr 1947 brachte John Deere den ersten selbstfahrenden Mähdrescher mit Verbrennungsmotor auf den Markt, der oft als Vorbild für heutige Erntemaschinen angesehen wird. Während der letzten 30 Jahre sind selbst ursprünglich relativ einfache Landmaschinen immer ausgeklügelter und umfangreicher in ihren Funktionen geworden. In der beliebten Prime-Serie *Clarkson's Farm* gibt es erheiternde Szenen, in denen der ehemalige Motorjournalist und heutige Hobbyfarmer Jeremy Clarkson auf seinem Traktor sitzt und an den unzähligen Knöpfen, Hebeln, Schaltern und Digitalanzeigen verzweifelt. In einer Folge gelingt es ihm trotz etlicher Versuche nicht einmal, einen Anhänger anzukuppeln. Er muss einen erfahrenen Mitarbeiter anrufen und sich von ihm helfen lassen.

Diese Szene illustriert sehr treffend den zweiten Schritt jeder technischen Entwicklung. Sobald Technik nicht mehr primitiv ist, wird sie immer komplizierter. Ich erinnere mich noch gut an den Commodore 64, einen der ersten Heimcomputer der frühen 1980er-Jahre. Die Bedienung war überaus kompliziert und umständlich. Microsoft war damals kaum besser. Man musste sogenannte DOS-Befehle kennen, über die Tastatur eingeben und mit der Enter-Taste bestätigen, um ein Programm überhaupt starten zu können. Auch die Bedienung von Excel oder Word erfolgte über Befehle, die man erst lernen musste. Windows 95 wurde noch zehn Jahre später standardmäßig über 30 Disketten installiert. Installationsversuche gingen damals bei Microsoft allerdings gerne einmal schief und dann musste man alles löschen und wieder von vorn anfangen. Heute sind Programme wie WhatsApp auf einem Smartphone mit Android oder iOS so einfach und intuitiv bedienbar, dass es keine Kunst mehr ist, damit Nachrichten zu senden und zu empfangen. Dank Spracherkennung lassen sich Nachrichten inzwischen schreiben, ohne das Smartphone überhaupt in die Hand zu nehmen. Im Auto ist es aus Gründen der Verkehrssicherheit heute oft gar nicht mehr möglich, eine WhatsApp-Nachricht zu tippen oder am Bildschirm zu lesen. Die Diktier- beziehungsweise Vorlesefunktion ist am Steuer die einzig erlaubte Option der Bedienung.

**Nachdem Technik erst primitiv und dann kompliziert war, wird sie einfach. An diesem Punkt stehen wir bei der Landtechnik.**

Dies zeigt recht anschaulich den dritten und letzten Schritt jeder technischen Entwicklung: Nachdem Technik zuerst primitiv und dann kompliziert war, wird sie zum Schluss einfach. Das gilt in jedem Fall für die Bedienung und oft auch für die Technik an sich. Das Elektroauto ist hier ein gutes Beispiel. Ein Elektromotor ist unvergleichlich einfacher aufgebaut als ein Verbrennungsmotor. Anlasser, Einspritzanlage, Turbolader, Auspuff – alle diese und viele weitere Bauteile gibt es beim E-Motor nicht. Kein Wunder, dass die Zulieferbranche durch die E-Mobilität unter Druck gerät. Aber auch beim autonomen Fahren sind E-Autos heute die Vorreiter. Auf dem vierten von fünf sogenannten Leveln des autonomen Fahrens kann der Fahrer auf der Autobahn die Kontrolle über das Fahrzeug bereits komplett abgeben. Lediglich die

Bewältigung komplexer Situationen – etwa eine Kreuzung zu queren, einen Kreisverkehr zu durchfahren oder sich an einem Zebrastreifen richtig zu verhalten – ist auf Level vier noch nicht möglich. Auch die Navigation erledigen neuste E-Autos zunehmend selbst. So wie im 20. Jahrhundert viele Innovationen aus dem Automobilbau auf die Landtechnik übertragen wurden, so wird es jetzt wieder mit den Innovationen aus der E-Mobilität sein. Das betrifft die Antriebstechnologie genau wie die spielerisch leichte Bedienung oder die autonome Steuerung mit Unterstützung durch GPS.

## Landwirtschaft zu betreiben, wird bald immer einfacher

Landmaschinen könnten bereits in wenigen Jahren so intelligent sein, dass der Mensch nur noch festlegen muss, welches Ergebnis geliefert werden soll. Soll Saatgut ausgebracht werden? Oder ein Kartoffelacker abgeerntet? Der Mensch gibt ein: Aktion x auf Fläche y. Mehr nicht. Alles andere weiß und macht die Maschine – vollständig automatisiert, autonom fahrend und hoch präzise dank GPS-Steuerung. Das wäre dann gewissermaßen der Endpunkt der Entwicklung vom Primitiven über das Komplizierte zum Einfachen in der Landtechnik. Schon heute sind in der Landwirtschaft dank der Möglichkeiten von Automatisierung und Robotisierung anstrengende körperliche Arbeiten praktisch nicht mehr nötig. Zu den Tätigkeiten, die heute trotzdem noch mühsam von Hand erledigt werden, zählen zum Beispiel die Erdbeer- und die Spargelernte. Doch selbst hier sind Robotersysteme schon im Prototypenstadium.

Jährlich werden in Deutschland allein im Freiland auf knapp 10 000 Hektar fast 100 000 Tonnen Erdbeeren geerntet. Dadurch kann die Inlandsnachfrage zu etwa einem Drittel gedeckt werden. Geerntet wird während der Saison am frühen Morgen und typischerweise durch viele Arbeitskräfte. Sie pflücken jede einzelne Erdbeere zusammen mit den grünen Kelchblättern. Letzteres ist wichtig, damit kein Saft ausläuft, wodurch die Erdbeere schnell verderben würde. Die Spargelernte ist sogar noch etwas aufwendiger. Zunächst wird die Stelle etwas aufgegraben, an der weißer Spargel die Erdoberfläche leicht durchstoßen hat. Dann wird das sogenannte Spargelstechmesser entlang des Spargels in den Boden eingeführt, um die Stange am unteren Rand abzuschneiden. Nach dem Herausziehen des Spargels wird das Erdloch wieder sorgfältig verschlossen. Sowohl die Erdbeer- als auch die Spargelernte lassen sich bereits seit einigen Jahren mit ersten Erntemaschinen automatisch erledigen. Die Maschinen führen die beschriebenen Schritte zuverlässig aus, ohne die empfindlichen Früchte beziehungsweise Triebe zu beschädigen. Der Grund, warum die Ernte dennoch nach wie vor meist von Hand erfolgt, ist die Wirtschaftlichkeit: Die vollautomatisierte Ernte ist heute noch rund dreimall so teuer wie der Einsatz von Saisonarbeitskräften.

**Bald wird man Landmaschinen so einfach einstellen können wie Waschmaschinen – oder noch einfacher, dank Spracherkennung.**

Nimmt man noch einmal den Computer zum Vergleich, dann fällt auf, dass die ersten Computer nicht nur die Größe von Kleiderschränken hatten, sondern auch astronomisch teuer waren. Die Mainframe-Rechner von IBM konnten sich vor 50 Jahren nur große Unternehmen und öffentliche Institutionen leisten. Als der Personal Computer, kurz PC, dann in den 1980er-Jahren in die privaten Haushalte einzog, war er zunächst auch noch relativ teuer und nicht für jedermann erschwinglich. Heute besitzen selbst Durchschnittsverdiener oft einen PC oder Laptop, ein Tablet und ein Smartphone, also insgesamt drei Computer. Spätestens, wenn die Technologie in der Phase der Einfachheit angekommen ist – meistens schon vorher –, beginnen die Preise zu sinken. Es ist daher zu erwarten, dass es auch in der Landwirtschaft eine weitere Automatisierung und Robotisierung zu geringeren Kosten geben wird. Die Produktivitätsgewinne durch Automatisierung erlauben es zudem, noch mehr in Technologie zu investieren. Die nächste große Effizienzsteigerung wird dabei durch autonom fahrende Maschinen stattfinden. Diese Anleihe aus dem Automobilsektor könnte die wirtschaftliche Produktivität der Landwirtschaft nochmals deutlich steigern. Bis heute gehört noch sehr viel Wissen und Erfahrung dazu, ein guter Landwirt zu sein. Bald wird man die Programme von Landmaschinen so einfach einstellen können wie die einer Waschmaschine. Im nächsten Schritt kommt die natürliche Spracherkennung hinzu. Sofern die Beschäftigten in der Landwirtschaft dann wissen, was sie von der Maschine wollen, wird diese es ausführen. Landwirtschaft war über Jahrhunderte und Jahrtausende eine der mühsamsten und körperlich anstrengendsten Tätigkeiten der Menschheit. Dank Digitalisierung, Automatisierung, Robotisierung und Künstlicher Intelligenz kann sie in naher Zukunft körperlich mühelos werden.

Für den Menschen ist es im Lauf der Zeit also praktisch immer einfacher geworden, Lebensmittel zu erzeugen. Jetzt steht uns noch einmal eine weitere große Innovationswelle bevor. Doch wie geht es eigentlich der Natur mit unserem Verfahrens- und Technologieeinsatz? Im Moment nicht gut. Seit es Ackerbau gibt, also seit etwa 10 000 Jahren, streben wir lediglich nach technischen und wirtschaftlichen Verbesserungen für uns Menschen. Wir wollen es selbst immer leichter haben und immer höhere Erträge erzielen. Angesichts der Bevölkerungsexplosion seit dem Beginn der Industrialisierung sind wir dazu auch ein Stück weit gezwungen. Die Belange der Natur haben wir jedoch schon bei der Erfindung des Pflugs vergessen. Damals wussten die Menschen es nicht besser. Heute kann sich niemand mehr herausreden, denn alle wesentlichen wissenschaftlichen Erkenntnisse über Bodengesundheit, Klimaveränderung und gesunde Nahrungsmittel liegen auf dem Tisch.

**Bei aller bisherigen Technik haben wir deren Auswirkungen auf Böden und Ökosysteme sträflich vernachlässigt.**

Wir haben vor allem in den letzten 60 Jahren eine hoch effiziente und faszinierende Landtechnik hervorgebracht – dabei jedoch die schädlichen Auswirkungen auf Böden und Ökosysteme außen vor gelassen. Auch hier gibt es eine gewisse Parallele zum Automobilbau: Uns sind die Schäden durch individuelle Mobilität auf der Basis fossiler Rohstoffe inzwischen bewusst und wir haben begonnen, deren Ursachen abzustellen. Glücklicherweise sind viele Basisinnovationen für eine neue Landtechnik im Dienst der natürlichen Lebensmittelerzeugung heute bereits vorhanden. Um diese dringend benötigten Lösungen in der Tiefe zu verstehen, muss man sich jedoch zunächst einmal vor Augen führen, was konventionelle Landtechnik für die Bodengesundheit und damit auch für die Qualität unserer Lebensmittel und für das Klima bedeutet.

## Technologie im Dienst der Natur

Visionäre einer harmonischen Verbindung von innovativer Technologie und intakter Umwelt gab es schon im 20. Jahrhundert. Einer der berühmtesten unter ihnen war der Architekt, Konstrukteur, Designer und Philosoph Richard Buckminster Fuller. Bereits in der Zeit nach dem Zweiten Weltkrieg kritisierte er den Material- und Flächenverbrauch des modernen Bauens. Seine Antwort war eine vollkommen neuartige Gebäudeform, die »geodätische Kuppel«. Das bekannteste nach diesem Prinzip errichtete Bauwerk war der Pavillon der USA auf der Weltausstellung 1967 in Montreal. Die sogenannte Biosphère steht übrigens heute noch. Sie beherbergt das Museum für Ökologie des kanadischen Umweltministeriums. Nach der Weltausstellung von 1967 bauten sich Hippies manchmal eine Biosphäre aus Holz und Glas als Wohnhaus. Buckminster Fuller hatte Gebäude vollständig anders gedacht, als es eine jahrtausendealte Tradition vorgab. Seine geodätischen Kuppeln, die ein wenig aussahen wie in die Landschaft gesetzte Weihnachtsbaumkugeln, brauchten relativ wenig Grundfläche, setzten auf ressourcenschonenden Leichtbau und nutzten die Energie der Sonne, um das Raumklima zu regulieren. Auch mit seinen übrigen Erfindungen ging es Buckminster Fuller um mehr als nur einen Aha-Effekt. Er hatte die Vision einer neuen menschlichen Zivilisation im Einklang mit der Natur. In ihr würden friedliche Menschen untereinander auch stärker kooperieren, so glaubte er.

**Wir müssen Landtechnik komplett neu denken. Es gilt, sie endlich mehr in Einklang mit der Natur zu bringen.**

So wie Buckminster Fuller moderne Architektur neu dachte, um sie wieder mehr in Harmonie mit der Natur zu bringen, müssen wir heute Landtechnik neu denken. Die konventionelle Technologie hat uns nie gekannte Ertragssteigerungen und Arbeitserleichterungen gebracht. Doch unsere landwirtschaftliche Verfahrensweise zerstört die Natur schleichend und in einem Ausmaß, das droht, uns die Ernährung zu kosten und damit die Lebensgrundlage zu zerstören. Wie ich in früheren Kapiteln bereits gezeigt habe, degenerieren und erodieren Böden praktisch seit der Erfindung des Pflugs und dem Aufkommen von Schwarzbrachen. In den letzten Jahrzehnten hat sich die Krise der Bodengesundheit noch einmal verschärft. Hinzu kommt der Beitrag der Landwirtschaft zum menschengemachten Klimawandel. Nach Angaben von Greenpeace gehen – je nach Art der Berechnung – mindestens 17 Prozent und bis zu 32 Prozent des weltweiten Ausstoßes von Treibhausgasen auf das Konto der Nahrungsmittelerzeugung. Die bisherigen Landbewirtschaftungsverfahren und die dafür eingesetzte Landtechnik tragen massiv sowohl zur Degeneration der Böden als auch zum Ausstoß von $CO_2$ bei.

Kritisch im Hinblick auf Bodengesundheit und Klima sind bei der heutigen konventionellen Landbewirtschaftung vor allem diese drei Punkte:

- **Kompaktierung:** Durch das Gewicht der Traktoren und anderer Landmaschinen wird der Boden zusammengedrückt. Die für die Versorgung der Pflanzen samt Wurzeln und Bodenlebewesen mit Wasser, Sauerstoff und Nährstoffen wichtigen Hohlräume werden stark beeinträchtigt.

- **Tiefe Bodenbearbeitung:** Landmaschinen greifen sehr stark in das Bodenleben ein, um das Saatbeet herzustellen oder den Boden aufzulockern. Dabei zerstören sie die ökologisch und für den Ertrag wichtige »Infrastruktur« der Kleinlebewesen und Mikroorganismen.
- **Fossile Kraftstoffe:** Landmaschinen werden heute mit Dieselmotoren angetrieben. Ein Liter Diesel führt zum Ausstoß von 2,62 kg $CO_2$. Der durchschnittliche Dieselverbrauch in der deutschen Landwirtschaft liegt bei bis zu 120 Litern pro Hektar und Jahr. Das bedeutet also einen sehr hohen Ausstoß von Treibhausgas.

Für alle drei genannten Herausforderungen sind technische Lösungen entweder bereits ausgereift oder zumindest absehbar. Die Nachteile heutiger Landbewirtschaftungsmethoden und der dazugehörigen Landtechnik geben keinen Anlass zu einer grundsätzlichen Technikskepsis in der Landwirtschaft. Vielmehr kann ihnen durch Innovationen begegnet werden. Das Ziel muss es sein, Technologie vollständig in den Dienst einer nachhaltigen Nahrungsmittelproduktion im Einklang mit der Natur zu stellen. Technik sollte derart gestaltet sein, dass sie die natürlichen Kreisläufe bestmöglich unterstützt.

## Wie 95 Prozent der Flächen nie mehr überfahren werden

**Regenwürmer und ihre Gänge haben einen großen Anteil an gesunden Böden und tragen wesentlich dazu bei, Überflutungen zu verhindern.**

Gesunder Boden besteht nur zur Hälfte aus Erde und zur anderen Hälfte aus teils winzigen Hohlräumen, die in der Fachsprache Poren genannt werden. Diese Poren sind wiederum etwa zu gleichen Teilen mit Luft und mit Wasser gefüllt. Ein ausreichendes Porenvolumen ist die Voraussetzung für einen lebendigen, fruchtbaren Boden, da nur über die Hohlräume ausreichend Wasser, Sauerstoff und Nährstoffe zu den Wurzeln der Pflanzen und den Organismen im Boden gelangen können. Einen großen Anteil daran, den »Porenraum« zu erstellen und ausreichend groß zu halten, haben die Regenwürmer. Durch ihre Gänge kann nicht nur sehr viel Wasser sehr schnell infiltriert werden, was Überflutungen verhindert. Vielmehr nutzen auch die Wurzeln der Pflanzen diese Hohlräume, um tief in den Boden eindringen zu können. Häufig wachsen in einem gesunden Boden dickere Wurzeln zunächst in den Gängen der Regenwürmer und von dort aus dann feinere Wurzeln in die umgebende Erde. Pflanzen, die auf diese Weise sehr tief wurzeln, sind entsprechend gesund und widerstandsfähig. Bei einem natürlichen Porenvolumen von 50 Prozent gelangen die Wurzeln stets an ausreichend Wasser und Sauerstoff. Auch für die Mikroorganismen, insbesondere auch für die Pilze, die mit den Pflanzen eine Symbiose bilden, ist ein lockerer Boden mit ausreichend Poren existentiell.

Durch das heute übliche Überfahren des Bodens mit schweren Landmaschinen wird der Boden mehr und mehr zusammengedrückt und das Porenvolumen wird reduziert. Das geht auf Kosten der Lebendigkeit und Fruchtbarkeit des Bodens, wie sie die Natur vorgesehen hat. Die Folgen sind schlechteres Pflanzenwachstum und weniger Widerstandskraft der Pflanzen. Die Pflanzen überstehen Trockenperioden nicht mehr so gut, da sie weniger tief wurzeln, als sie müssten, um unter allen Umständen an Wasser zu kommen. Gleichzeitig kann jetzt auch Staunässe nach Starkregen die Pflanzen schädigen oder sogar zerstören, da das Wasser nicht mehr so leicht versickert wie in einem gesunden Boden, der zu 50 Prozent aus Hohlräumen besteht. Am besten für das Ökosystem auf den Feldern wäre es, den Boden überhaupt nicht mehr zu überfahren. Das klingt zunächst vielleicht utopisch, da es der Preis des Einsatzes von Landmaschinen zu sein scheint, dass diese nun einmal über die Böden fahren. Tatsächlich existiert jedoch heute bereits eine Technologie, die dafür sorgt, dass 95 Prozent der landwirtschaftlichen Flächen nie wieder überfahren werden.

**Mit der innovativen Widespan-Technologie sehen Landmaschinen ganz anders aus, als wir es bislang gewohnt sind.**

Die sogenannte Widespan-Technologie, an deren Entwicklung ich selbst mitgearbeitet habe, kann man sich wie eine fahrbare Brücke vorstellen. Nur an ihren beiden äußeren »Pfeilern«

befinden sich Räder. Das Konstrukt rollt GPS-gesteuert über digital geplante Wege, quasi schmale Feldwege. Dieses System wird auch WS-CTF genannt, was für Wide-Span Controlled Traffic Farming steht. Aktuell haben die Systemfahrzeuge eine Breite von etwa 15 Metern. Innerhalb dieser Spannbreite wird der Boden niemals verdichtet. Das computergeplante- und kontrollierte Fahren (»Controlled Traffic«) stellt sicher, dass die vorgegeben Fahrwege nie verlassen und somit tatsächlich auf Dauer immer nur dieselben maximal fünf Prozent der Fläche überfahren werden. Diese fünf Prozent Fahrweg sind für die Bodengesundheit in Summe unkritisch. Ein weiterer technischer Fortschritt besteht beim WS-CTF darin, dass dieses neue System modular ist, man also nicht mehr so viele unterschiedliche Landmaschinen braucht wie bisher. Die brückenförmige Konstruktion des Systemfahrzeugs ermöglicht es, eine ganze Palette von Aufgaben – vom Säen über das Ausbringen von Dünger bis zum Ernten – mittels entsprechend angekoppelter Module zu erledigen. Die WS-CTF-Technologie wurde während der letzten Jahre zur Serienreife gebracht und ist heute bereits auf landwirtschaftlichen Flächen im täglichen Einsatz.

## Direktsaat als »minimalinvasiver« Eingriff in den Boden

Beim Wide-Span Controlled Traffic Farming kann auf eine Bodenbearbeitung, die lediglich der Auflockerung von Verdichtung dient, bereits verzichtet werden. Schließlich findet nun zu 95 Prozent keine Kompaktion des Bodens durch Überfahren mit Maschinen mehr statt. Was aber ist mit der tiefen Bodenbearbeitung zur Vorbereitung des Saatbeets? Ich habe sie den »Fluch des Pflugs« genannt und mit der alljährlichen Bombardierung einer Mega-City verglichen, bei der die hochsensible Infrastruktur des Mutterbodens jeweils weitgehend zerstört wird. Im Interesse der Bodengesundheit wird bei der regenerativen Landwirtschaft deshalb auf diese Form der Bodenbearbeitung verzichtet. Man sät stattdessen direkt aus. Auch dies lässt sich heute mithilfe entsprechender Maschinen erledigen. Eine Direktsämaschine funktioniert so, dass zunächst eine nur wenige Millimeter dicke Scheibe etwa zwei bis fünf Zentimeter in den Boden eindringt und quasi einen Schnitt vornimmt. Eine zweite Scheibe öffnet dann diesen Schlitz leicht, damit die Saatkörner eingebracht werden können. Zum Schluss wird der Boden in einem sogenannten Tiefenführungsrad wieder sicher verschlossen. Mit dem bloßen Auge ist danach fast nicht mehr erkennbar, wo gesät worden ist.

**Für die Zeit bis zur vollständigen Regeneration der Böden gibt es bereits erste biologische Alternativen zur Chemie.**

Es handelt sich hierbei um so etwas wie einen minimalinvasiven Eingriff in das Bodenleben. Die metertiefen Gänge des Regenwurms bleiben dadurch zu 98 Prozent unversehrt. Auch in der unberührten Natur würden sie niemals zu 100 Prozent intakt bleiben, da zum Beispiel auch Feldmäuse ihre Gänge graben. Betrachtet man das Saatbeet insgesamt, dann liegen die Saatreihen im engsten Fall etwa 20 Zentimeter auseinander. Meistens ist der Abstand größer. Es wird also maximal alle 20 Zentimeter ein leichter Schnitt von je nach Saatgut zwei bis sechs Zentimeter Tiefe vorgenommen. Das heißt, dass immer mindestens 97 Prozent der Fläche unberührt bleiben. Eingriffe in diesem geringen Umfang toleriert die Natur problemlos. Wenn Technologie sich darauf beschränkt, dann arbeitet sie vollkommen im Einklang mit der Natur. Gleichzeitig braucht der Boden Zeit, um sich umzustellen. Eine Fläche, die jahrzehntelang mit konventioneller Landtechnik bearbeitet wurde, regeneriert sich noch nicht im ersten Jahr. Im Zuge der Umstellung kann es vorübergehend auch zu geringeren Erträgen kommen. Man analysiert den Boden dann biochemisch sehr genau, um zu entscheiden, ob vielleicht bestimmte Defizite ausgeglichen werden müssen. Das ist vergleichbar mit den Nahrungsergänzungsmitteln, die wir Menschen übergangsweise brauchen, solange unser Körper noch nicht wieder alle Nährstoffe aus einer natürlichen Ernährung erhält. Auch kann es sein, dass während der Regenerationsphase in geringem Umfang Pflanzenschutzmittel oder Pflanzenstimulierungsmittel nötig sind. Für beides gibt es heute zum Glück schon die ersten biologischen Alternativen zur Chemie.

**Fällt der Kunstdünger ganz weg, sind stickstoffsammelnde Zwischenfrüchte oder Untersaaten entscheidend wichtig.**

Das Ziel muss in jedem Fall eine vollständige Regeneration der Böden sein. Sind sie regeneriert, ist schließlich eine natürliche Landwirtschaft möglich, unterstützt von innovativer Technologie, die minimal in die Ökosysteme eingreift und diese damit niemals aus dem Gleichgewicht bringt. Für den Verzicht auf Kunstdünger sind dann vor allem stickstoffsammelnde Zwischenfrüchte oder Untersaaten entscheidend wichtig. Diese Methode wendeten Landwirte schon vor 70 Jahren an – mein Vater war einer von ihnen. In der regenerativen Landwirtschaft erlebt dies nun eine Renaissance. Ist ein Weizenfeld beispielsweise abgeerntet, kann hier Klee gesät werden. Oder man baut Bohnen, Erbsen oder sonstige stickstoffsammelnde Früchte in die Fruchtfolge ein. Diese Pflanzen holen Stickstoff und $CO_2$ aus der Luft, nutzen es aber nur zu etwa 60 Prozent selbst und speichern den Rest über das Bodenleben im Boden als Humus. Wird dann später erneut Weizen gesät, hat das Getreide diesen Stickstoff als Nährstoff zur Verfügung. Auch Phosphor, Kalium oder Mineralien können durch ein intaktes Bodenleben aus dem Mineralanteil des Bodens pflanzenverfügbar gemacht werden. Jeder Wald kommt ohne Dünger aus. Wenn man die Prozesse der Natur geschickt genug abbildet, benötigt auch der Ackerbau irgendwann keinen Input mehr von außen. Mit neuster Landtechnik ist es sogar möglich, Zwischenfrüchte bereits zu säen, wenn die Hauptfrucht noch nicht geerntet ist. Die Erntemaschine erntet nur die Hauptfrucht, sobald diese erntereif ist, und lässt die zarten Pflänzchen der Zwischenfrucht stehen. Auf diese Weise gibt es auf einer solchen Fläche keinen einzigen Tag ohne Bodenbedeckung. Das ist ein weiterer Garant für Bodengesundheit.

## Wasserstoff und Strom ersetzen demnächst den Diesel

Auch die innovativste und intelligenteste Landtechnik benötigt Energie. Von Landwirten hört man derzeit häufig, es gebe keine Alternative zum Diesel. Das ist jedoch allenfalls eine Momentaufnahme. Wir werden in der Landwirtschaft mittelfristig genauso von fossilen Energieträgern abrücken wir im Verkehrssektor. Dabei geht es auch bei der Landtechnik stets um zwei Aspekte: erstens um die Reduktion der lokalen Emissionen auf null. Zweitens um die nachhaltige Erzeugung von Energie, vor allem durch Sonne und Wind. Wie genau die Antriebe der Zukunft aussehen werden, ist noch nicht entschieden. Genau wie bei Pkw, Lkw und Bus kommen aus heutiger Sicht grundsätzlich sowohl rein batterieelektrische Antriebe als auch Wasserstoffantriebe infrage.

Nachhaltig erzeugter Wasserstoff lässt sich entweder in einem annährend konventionellen Verbrennungsmotor nutzen, wobei dann am Ende purer Wasserdampf aus dem Auspuff kommt. Mit dieser Technik fuhren Versuchsfahrzeuge deutscher Hersteller bereits Ende der 1980er-Jahre. Mehr Chancen räumen viele Experten zurzeit jedoch der Brennstoffzelle ein. Hier wird mit Wasserstoff im Fahrzeug zunächst ein Generator angetrieben, der Strom erzeugt. Der Strom wird in einer Batterie zwischengespeichert, die dann wiederum einen E-Motor antreibt. Die Japaner fertigen diese Technik beim Pkw bereits seit 2014 in Großserie. Der größte Markt für Wasserstoffautos ist zurzeit Kalifornien, wo es auch ein halbwegs ausreichend großes Tankstellennetz gibt. In Deutschland sind solche Pkw ebenfalls erhältlich, man sieht sie jedoch nur sehr selten.

**E-Motoren und Brennstoffzellen sind heute noch nicht leistungsfähig genug für die Landtechnik. Das wird sich bald ändern.**

Anders ist es bei den batterieelektrischen E-Autos (BEV). Sie kommen in Deutschland 2024 auf einen Marktanteil von etwa 12,5 Prozent. Weitere Innovationen, wie etwa der Quantenmotor, sind noch Zukunftsmusik, sollten aber als Alternativen nicht vorschnell ausgeschlossen werden. Bei batterieelektrischen Antrieben und Wasserstoffantrieben wissen wir heute schon, dass sie im Alltag funktionieren. Was fehlt, ist die Infrastruktur vergleichbar dem Tankstellennetz für die fossilen Energieträger. Für die Landtechnik waren E-Motoren und Brennstoffzellen bisher auch nicht leistungsfähig genug. Hier wird sich in den nächsten Jahren sicher noch einiges ändern. Für den Anfang könnten kleinere Fahrzeuge mit E-Antrieb in den Betrieben bald vermehrt eingesetzt werden. Neueste Landmaschinen, wie die Systemfahrzeuge mit WS-CTF-Technologie, sind bereits so konstruiert, dass mit ihnen unterschiedliche Antriebslösungen möglich sind. Im Moment ist hier der Dieselmotor noch der Standardantrieb. Eine spätere Umrüstung auf eine Brennstoffzelle oder einen batterieelektrischen Antrieb ist bei den Fahrzeugen jedoch bereits vorbereitet. Ich bin sehr zuversichtlich, dass wir in der Landwirtschaft schneller nachhaltige Antriebe sehen werden, als viele dies im Augenblick für möglich halten. Und das wird bei Weitem noch nicht alles sein, was uns in naher Zukunft staunen lässt.

## Künstliche Intelligenz als Chance

Eine Obstplantage in Israel zur Erntezeit. Eigentlich müsste es hier jetzt vor Erntehelfern nur so wimmeln. Doch zwischen den schier endlosen Reihen von Apfelbäumen ist kein Mensch zu sehen. Nur ein einzelner Traktor fährt im Schneckentempo durch die Plantage. Unter den hellgrauen, treppenförmig angeordneten Aufbauten ist er kaum noch zu erkennen. Auf diesen Aufbauten wiederum befinden sich große Sammelbehälter für die geernteten Äpfel. Nicht Menschen ernten diese Äpfel und auch keine Roboter, sondern Drohnen. Insgesamt sechs Drohnen sind mit Kabeln an den Aufbauten des Treckers befestigt. Wie Bienen schwärmen sie zu den Apfelbäumen rechts und links aus. Dank Künstlicher Intelligenz haben diese Drohnen gelernt, Äpfel zu pflücken wie ein Mensch. Sie bahnen sich mit ihren Roboterarmen selbstständig den Weg durch die Äste und Blätter der Apfelbäume, bis sie den nächsten Apfel packen und schonend abpflücken. Aber das ist noch lange nicht alles, was diese Drohnen draufhaben. Denn mittels der KI haben sie auch gelernt, reife von unreifen Äpfeln zu unterscheiden. Absolut zuverlässig holen sie nur diejenigen Früchte vom Baum, die den perfekten Reifegrad besitzen. Das bekämen die menschlichen

Erntehelfer so präzise manchmal vielleicht gar nicht hin. Als wäre das nicht genug, scannen die Drohnen bei jedem Apfel, den sie pflücken, in einem Sekundenbruchteil noch den Zuckergehalt. Wer diese Erfindung eines israelischen Tech-Start-ups einmal bei der Arbeit beobachten möchte, kann das in einem Video der französischen Nachrichtenagentur AFP tun, das auf die Videoplattform Dailymotion hochgeladen wurde.

**Künstliche Intelligenz ist ein Gamechanger, weil die KI eigenständig lernt und automatisiert Probleme löst. Auch erkennt sie selbstständig Zusammenhänge.**

Selbst die innovativsten konventionellen Landmaschinen und Ernteroboter führen letztlich immer dieselben programmierten Schritte aus. Auch wenn sie bereits über eine digitale Steuerung verfügen, machen sie stets »nur« das, was die Programmierer und Ingenieure ihnen beigebracht haben. Künstliche Intelligenz ist hier noch einmal ein Gamechanger. Eine KI lernt eigenständig und kann sogar automatisiert Probleme lösen. Sie verarbeitet sehr große Datenmengen und erkennt dabei selbstständig Zusammenhänge. Ist es einer Drohne zum Beispiel erst nach fünf Versuchen gelungen, einen besonders gut versteckt am Baum hängenden Apfel zu pflücken, so wird sie das zukünftig in einem ähnlichen Fall auf Anhieb können. Doch nicht nur aus Erfolgen lernt die KI, sondern auch aus Fehlern. Sie ist eigenständig in der Lage, Fehler zu vermeiden, sobald sie diese als solche erkannt hat. Auf einer Obstplantage können Drohnen übrigens nicht erst bei der Ernte zum Einsatz kommen. Bereits heute lassen sich selbst große landwirtschaftliche Flächen per Drohne überwachen und regelmäßig auf die unterschiedlichsten Parameter hin scannen. So kann zum Beispiel ein möglicher Schädlingsbefall der Obstbäume sehr frühzeitig erkannt und lokal exakt eingegrenzt werden. Dahinter steckt wiederum KI. Sie verarbeitet in einem solchen Fall riesige Datenmengen, die an Laptops sitzende Menschen überfordern würden. Im Idealfall schlägt die KI dann auch gleich die richtige Strategie für die Schädlingsbekämpfung vor. Und aus den Ergebnissen der Umsetzung lernt sie für die Zukunft.

Künstliche Intelligenz gilt heute zu Recht als große Chance für die Landwirtschaft. Deshalb fördert die Bundesregierung KI-Projekte in der Landtechnik aktuell mit einem mittleren zweistelligen Millionenbetrag pro Jahr. Ob das ausreicht, um Deutschland zu einem führenden KI-Standort in der Landtechnik zu machen, wie von Berlin beabsichtigt, sei dahingestellt. Immerhin wurde die Bedeutung des Themas erkannt. Es ist an dieser Stelle wichtig zu sehen, dass es bei KI in der Landwirtschaft nicht allein um eine nochmalige Effizienz- und Gewinnsteigerung geht. KI kann vielmehr auch dabei helfen, Nachhaltigkeitsziele zu erreichen. Sie könnte bei der Umstellung auf eine regenerative und schließlich natürliche Landwirtschaft deshalb eine zentrale Rolle spielen. Bereits in der heutigen chemisch-industriellen Landwirtschaft hilft KI, wertvolle Ressourcen zu schonen. Richtig eingesetzt, kann sie zu mehr Pflanzengesundheit und zum Tierwohl ganz erheblich beitragen.

## Kein Mensch kann jeden Quadratmeter Boden im Auge haben

**Künstliche Intelligenz sollte nicht allein der Effizienzsteigerung dienen. Sie kann Ökosysteme verstehen lernen und schützen helfen.**

Bereits in wenigen Jahren könnte Künstliche Intelligenz den Alltag in der Landwirtschaft stärker bestimmen, als sich viele dies heute vorstellen können. Es beginnt bereits bei der Entscheidungsfindung. Heute stellt sich praktisch jeder Landwirt täglich diese drei Fragen: Muss ich etwas machen? Wenn ja, was? Und wann? Bestimmte Arbeiten in der Pflanzenproduktion müssen zum Beispiel vor Sonnenaufgang stattfinden, um den Tau zu nutzen. Alles ist umso komplexer, je größer der Betrieb ist, und will gewissenhaft geplant sein. Bei Erstellen von Arbeitsplänen kann KI schon heute mehr als der Mensch. Weil sie nicht nur riesige Datenmengen verarbeitet, sondern auch die Zusammenhänge »versteht«, ist sie in der Lage, stets die bestmögliche Vorgehensweise zum idealen Zeitpunkt vorzuschlagen. Sobald sich auch nur ein einziger Faktor ändert, also zum Beispiel das Wetter von der Vorhersage abweicht, aktualisiert die KI die gesamte

Berechnung und berücksichtigt dabei sämtliche Einflussgrößen. Bei alldem kann die KI lernen, nicht allein nach Effizienzgesichtspunkten zu entscheiden, sondern auch die Auswirkungen jeder einzelnen Aktion auf das Ökosystem zu berücksichtigen. Sie wird dann Vorgehensweisen bevorzugen, die sowohl effizient als auch ökologisch sinnvoll sind. Mit KI lassen sich Szenarien planen und Prognosen für Zeiträume erstellen, die ein Mensch selbst mit Unterstützung herkömmlicher Computerprogramme nicht mehr überblicken könnte. Ist zum Beispiel geplant, aus einem zum landwirtschaftlichen Betrieb gehörenden Waldstück 50 Prozent der Bäume zu entnehmen, so kann die KI prognostizieren, wie sich das auf das gesamte Ökosystem der Umgebung in 10, 50 oder 100 Jahren auswirken würde.

Die Überwachung der Bodengesundheit dürfte beim Einsatz von KI zukünftig eine zentrale Rolle spielen. Ein großer Vorteil der KI ist hierbei die mögliche Kleinteiligkeit. Es werden nicht etwa nur einzelne Felder analysiert, sondern jeder einzelne Quadratmeter. Der durchschnittliche landwirtschaftliche Betrieb in Deutschland hat rund 63 Hektar. Ein Hektar sind 10 000 Quadratmeter. Kein Mensch kann 630 000 Quadrate regelmäßig einzeln analysieren. Eine KI-Anwendung, die ihre Daten unter anderem aus Satelliten- und Drohnenaufnahmen bezieht, ist dazu jedoch in der Lage. Auf der Basis der Analyse erfolgt dann eine Feinplanung unter Berücksichtigung jedes einzelnen Quadratmeters. Ein solches Vorgehen wird auch als Precision Farming – Präzisionslandwirtschaft – bezeichnet. Sogenannte Potenzialkarten helfen dabei, jeden Quadratmeter einer landwirtschaftlichen Fläche zu optimieren. Mittels KI-gesteuerter Landmaschinen können die Flächen dann auch entsprechend kleinteilig bearbeitet werden.

Man muss dazu wissen, dass heutige landwirtschaftliche Flächen regelmäßig sowohl überdüngt als auch mit viel zu viel Pflanzenschutzmittel behandelt werden. Gibt es zum Beispiel nur auf 30 Prozent eines Felds einen Nährstoffmangel, so wird es trotzdem zu 100 Prozent gedüngt. Dies liegt schlicht daran, dass die

Technik bisher nicht in der Lage ist, das Düngemittel punktgenau dort auszubringen, wo es gebraucht wird. Dasselbe gilt für das Sprühen von Pflanzenschutzmitteln. Ist eine Fläche nur zu 25 Prozent mit Unkraut befallen, wird trotzdem überall gespritzt. Dabei ist es egal, ob chemische oder biologische Unkrautbekämpfungsmittel zum Einsatz kommen. Precision Farming mithilfe von KI kann deshalb bereits dort zu einer Verbesserung der Bodengesundheit führen, wo weder biologische noch regenerative Landwirtschaft betrieben wird. Wenn durch KI in Summe 80 Prozent an chemischen Düngemitteln und Pflanzenschutzmitteln eingespart werden können, so ist das bereits eine große Entlastung für die Böden und letztlich auch für die menschliche Gesundheit, da sich dann wesentlich weniger giftige Rückstände in unseren Lebensmitteln finden werden.

## Immer besser verstehen, wie alles mit allem zusammenhängt

**Wir müssen die Natur bei Reparaturprozessen sinnvoll unterstützen. Künstliche Intelligenz hilft bei den richtigen Maßnahmen.**

Erst die Kombination aus regenerativer Landwirtschaft, neuartigen Landmaschinen – wie zum Beispiel solchen mit WS-CTF-Technologie – und Künstlicher Intelligenz führt indes zum Ziel gesunder Böden in der Landwirtschaft. Damit wird dann auch gesunde Ernährung für acht oder sogar zehn Milliarden Menschen möglich. So wie Ärzte bei uns Menschen regelmäßig Blut abnehmen und anschließend im Labor überprüfen lassen, ob uns bestimmte Vitamine oder Mineralien fehlen, werden wir dank KI zukünftig auch die Bodengesundheit stets im Auge behalten. Bis dann alle Böden vollständig regeneriert sind, werden noch einige Eingriffe des Menschen in das Bodenleben nötig sein. Wir müssen die Natur sinnvoll dabei unterstützen, zu reparieren, was wir kaputtgemacht haben. Hier möchte ich daran erinnern, dass wir mit der Erforschung des Bodenlebens gerade erst am Anfang stehen. Uns sind noch lange nicht sämtliche geologischen und biologischen Zusammenhänge klar. KI kann uns dabei unterstützen, aus neuen wissenschaftlichen Erkenntnissen die richtigen Schlüsse zu ziehen und entsprechende Handlungsstrategien abzuleiten.

Künstliche Intelligenz kann landwirtschaftlichen Betrieben auch ganz konkret Szenarien zur Transformation aufzeigen. Wir müssen zum Beispiel so schnell wie möglich weg von den riesigen Monokulturen mit Weizen, Mais oder Soja, wie sie sich heute typischerweise in den USA oder Brasilien finden. Doch wie soll ein Betrieb anfangen, sich neu aufzustellen? Was sind sinnvolle erste Schritte? KI kann hier unterschiedliche Szenarien der Pflanzenrotation und des Einsatzes von Zwischenfrüchten durchspielen, bei der Entscheidung für die bestmögliche Variante helfen und dafür sorgen, dass schwerwiegende Fehler vermieden werden. Ähnlich sieht es dort aus, wo es bereits zu Desertifikation gekommen ist und eine Wiederbegrünung im großen Stil das Ziel ist. Mit KI lassen sich entsprechende Szenarien durchspielen und Strategien erkennen, die sowohl rasche als auch nachhaltige Erfolge versprechen. Aus jedem erfolgreichen oder auch nicht so erfolgreichen Projekt lernt die KI dann für die Zukunft. Schließlich kann sie auch bei der Planung helfen, welche Maßnahmen für den Drawdown von $CO_2$ sinnvoll sind und was insgesamt nötig ist, um die Klimakrise durch Bindung von $CO_2$ im Boden zu beenden.

**Mit Künstlicher Intelligenz lassen sich globale Szenarien durchspielen und neue Strategien für Ernährungssicherheit finden.**

Am Ende wird es darum gehen, über den landwirtschaftlichen Sektor hinauszudenken. Das Ziel muss es sein, weltweit nachhaltige Stoffkreisläufe zu erschaffen. Diese Herausforderung ist so komplex, dass wir ohne Künstliche Intelligenz wahrscheinlich überhaupt keine Chance hätten, sie zu meistern. Mit KI können wir jedoch zunehmend verstehen, wie alles mit allem zusammenhängt, und entsprechende Strategien entwickeln. Noch sind wir zu sehr dem Wachstumsparadigma und einem von Wachstum abhängigen Geldsystem verhaftet, als dass wir uns eine globale Kreislaufwirtschaft in einem idealen Gleichgewicht überhaupt vorstellen können. KI kann uns dabei helfen, alternative ökonomische und politische Szenarien im globalen Maßstab durchzuspielen und im

Hinblick auf ihre Erfolgschancen zu bewerten. Das befreit uns zumindest teilweise von der Notwendigkeit, aus Fehlern zu lernen. Mit der Ernährungssicherheit von Milliarden Menschen dürfen wir nicht spielen und uns deshalb auch keine großen Fehler erlauben. Im Moment wird gesellschaftlich viel über die Risiken der Künstlichen Intelligenz diskutiert. Wir dürfen diese Risiken nicht kleinreden und müssen immer sorgfältig abwägen. Die Chancen der KI sind allerdings riesengroß – nicht zuletzt für gesunde Böden und die Regeneration der Natur überall auf unserem Planeten.

# 7 Kapitalismus

Larry Fink gilt als mächtigster Mensch der Finanzwelt. 1988 gründete er die Investmentgesellschaft Blackrock, deren Aufsichtsrats- und Vorstandsvorsitzender er heute ist. Das Unternehmen verwaltet inzwischen fünf Prozent des Gesamtvermögens aller Bewohner dieser Erde. Hierbei sprechen wir nicht mehr über Milliarden, sondern über Billionen Dollar oder Euro. Blackrock ist an vielen deutschen DAX-40-Unternehmen beteiligt. Bei sieben von ihnen ist der Vermögensverwalter mit Hauptsitz in New York sogar der größte Anteilseigner. Wenn es einen Menschen gibt, der sich mit Kapitalismus auskennt, dann ist es Larry Fink. Doch der CEO von Blackrock glaubt trotz des immensen Erfolgs seiner eigenen Investments nicht, dass wir wie gewohnt weiter wirtschaften können.

**Der mächtigste Mensch der Finanzwelt fordert Unternehmen auf, verantwortlich, nachhaltig und zukünftig in Kreisläufen zu wirtschaften.**

Jedes Jahr schickt Larry Fink einen offenen Brief an die Geschäftsleitungen sämtlicher Unternehmen, an denen Blackrock beteiligt ist. Im Jahr 2022 trug dieser »Letter to CEOs« den Titel »The Power of Capitalism«. Larry Fink meinte damit die Fähigkeit des kapitalistischen Wirtschaftssystems, sich aus eigener Kraft zu transformieren. Er forderte die CEOs auf, die Interessen von Mitarbeitern, Kunden und der Gesellschaft stärker zu berücksichtigen als bisher. Dies sei keine politische Ideologie, sondern vielmehr die Voraussetzung dafür, dass Unternehmen langfristig überleben könnten. Im Kapitalismus, so Larry Fink, müssten sich alle stets weiterentwickeln. Wer heute noch Investoren wie Blackrock überzeugen wolle, habe »verantwortlich und nachhaltig« zu wirtschaften. Dabei gehe die Reise hin zu einer »Netto-null-Welt« mit geschlossenen Kreisläufen. Unternehmen hätten die Wahl, ob sie in dieser Transformation eine Führungsrolle übernehmen oder anderen hinterherlaufen wollten.

Es sind keine leeren Worte, die der größte Kapitalist der Welt hier spricht. Auch aus persönlichen Gesprächen mit Konzernmanagern weiß ich: Die Botschaft ist angekommen. Wer jetzt nicht auf Nachhaltigkeit und $CO_2$-Neutralität setzt, der droht abgehängt zu werden. Wir stehen am Anfang einer tiefgreifenden Umwälzung unseres Wirtschaftssystems. Eine neue, nachhaltige und gesunde Art, Lebensmittel zu erzeugen, ist ein wichtiger Teil davon.

## Besser essen, weniger bezahlen

Jedes Jahr im Januar, wenn bei uns in Norddeutschland oft das berüchtigte »Schietwetter« herrscht, freue ich mich auf meinen Besuch der CES in Las Vegas. Die »Consumer Electronics Show«, so der vollständige Name, war in ihren Anfängen einmal nicht viel mehr als eine Messe für Unterhaltungselektronik. Bill Gates stellte hier 2001 die Xbox vor und Samsung präsentierte 2014 die erste Smartwatch. Mittlerweile hat sich die CES stark verändert. Nicht bloß Einkäufer von Saturn und Media Markt pilgern zu Beginn eines jeden Jahres in die Wüste von Nevada, sondern auch immer mehr Entscheider der Wirtschaft, die sich über technologische Entwicklungen informieren wollen. Deutsche Autobauer zeigen ihre Innovationen und Zukunftskonzepte jetzt seltener auf der IAA in Frankfurt oder neuerdings München, dafür umso lieber in Las Vegas. Längst geht es auf der CES auch um mehr als anfassbare Produkte: Digitalisierung, Autonomisierung und Künstliche Intelligenz sind hier ebenso große Themen wie globale Wirtschaftstrends und neue Geschäftsmodelle.

**Eine Vision vom regenerativen Unternehmen, das Natur und Menschheit in den Mittelpunkt stellt und hilft, die Klimakrise zu beenden.**

Einen der beeindruckendsten Messeauftritte in Las Vegas hatte während der letzten Jahre stets Walmart. Der US-Lebensmittelhändler beschäftigt in über 10 000 Filialen mehr als zwei Millionen Angestellte und ist damit der weltgrößte privatwirtschaftliche Arbeitgeber. Kein anderes Unternehmen, gleich welcher Branche, macht mehr Umsatz: 500 Milliarden US-Dollar sind es aktuell pro Jahr. Im Januar 2020 war ich gespannt, was

Doug McMillon, der CEO von Walmart, in seiner Keynote auf der CES sagen würde. Angekündigt war eine Rede zum Thema »Regeneration«. Die Erwartungen waren hoch. Und tatsächlich: McMillon formulierte die Vision, aus Walmart ein »regeneratives Unternehmen« zu machen, das »die Natur und die Menschheit« in den Mittelpunkt seiner gesamten Geschäftstätigkeit stellt. »Um das Klima wirklich zu stabilisieren«, sagte der Walmart-CEO damals, »müssen wir mehr tun als nur Emissionen zu reduzieren. Wir müssen Kohlendioxid aus der Atmosphäre ziehen und zurück nach Hause bringen … Unser Ziel muss es sein, das komplexe Netzwerk der Beziehungen zwischen der Natur und der Menschheit wiederherzustellen.«

Doug McMillon versprach, innerhalb der nächsten Jahre die Regeneration von mindestens 20 Millionen Hektar Land zu fördern und die Umstellung auf regenerative Landwirtschaft bei den Erzeugern aktiv voranzutreiben. Seine Ankündigung sorgte weit über die Lebensmittelbranche hinaus für Aufsehen. Wenige Wochen später ging die erste Corona-Welle um die Welt. Durch Corona ging Walmarts Vorstoß zur regenerativen Wirtschaftsweise in der Öffentlichkeit unter. Doch nach dem Ende der Pandemie blieb der Handelsriese am Ball. So schlossen Walmart und der Lebensmittelkonzern PepsiCo im Sommer 2023 ein Abkommen, um gemeinsam die regenerative Landwirtschaft zu fördern. Auch die großen europäischen Lebensmittelhersteller, wie Nestlé oder Danone, sowie die vier marktbeherrschenden deutschen LEH-Konzerne wissen, dass grundlegende Veränderungen der Produktions- und Wirtschaftsweise auf uns alle zukommen. Sie setzen sich damit lediglich nicht so spektakulär in Szene wie Walmart.

**Warum springen einige der größten Unternehmen freiwillig und ohne politischen Druck auf den Zug der Regeneration auf?**

Doch warum eigentlich springen einige der größten Unternehmen der Welt freiwillig, also ohne politischen oder öffentlichen Druck, auf den Zug der Regeneration auf? Würde es nicht der kapitalistischen Logik viel mehr entsprechen, wenn sie so lange wie möglich versuchten, wie gewohnt ihre Gewinne zu erzielen? Schließlich hat sich der Kapitalismus – also jene Wirtschaftsweise, die auf das freie Spiel der Kräfte und die Anhäufung von Kapital setzt – bislang wenig dafür interessiert, wie es der Menschheit und der Natur beim Streben nach Profit geht.

## Eine Transformation, die sich unter dem Strich rechnen wird

Was Unternehmen heute zu Veränderungen antreibt, ist eine Mischung aus später Einsicht, Angst vor dem eigenen Untergang und Entdeckung neuer Gewinnchancen. Wahrscheinlich überwiegt je nach Management mal der eine und mal der andere Aspekt. In einigen Organisationen sitzen Idealisten, die Nachhaltigkeit zu ihrer persönlichen Mission gemacht haben. Sie möchten ihren Enkeln eine lebenswerte Welt hinterlassen. Anderswo finden sich Realisten, die befürchten, dass zuerst Larry Fink ihrem Unternehmen den Geldhahn zudrehen und sich später auch ihre Kunden abwenden könnten, weil diese nur noch nachhaltige, ethische und gesunde Produkte kaufen wollen. Schließlich gibt es noch die Optimisten, die davon überzeugt sind, dass man die Welt retten und dabei weiter gute Geschäfte machen kann. Einige unter ihnen haben erkannt, dass Kreislaufwirtschaft, $CO_2$-Neutralität und aktive Regeneration zu einer Win-win-win-Situation zwischen Unternehmen, Verbrauchern und der Natur führen können. Ich bin mittlerweile der Überzeugung, dass zumindest einige Player der Wirtschaft zu einer tiefgreifenden Transformation bereit sind. Die Verbraucher müssen jetzt mitziehen und es schaffen, alte Überzeugungen zu hinterfragen und ihr Konsumverhalten ein Stück weit zu ändern.

**Wir haben die reale Chance, in zehn Jahren wertvollere und gesündere Lebensmittel zu haben, ohne dass dafür die Preise steigen müssen.**

Im Moment erleben wir, wie Bioprodukte im Handel verbreiteter und für den Endkunden zunehmend preisgünstiger werden. Das Gleiche wird sehr wahrscheinlich in den nächsten Jahren mit Produkten aus regenerativer Landwirtschaft geschehen. Wir haben die reale Chance, in zehn Jahren wertvollere und gesündere Lebensmittel in den Regalen zu haben als heute, ohne dass dafür die Preise steigen müssen. Wir können besser essen, ohne viel mehr dafür zu bezahlen und ohne dass dem Lebensmittelhandel die Pleite droht. Wenn man das Preis-Leistungs-Verhältnis berücksichtigt, könnten wir für unser Essen unter dem Strich sogar weniger bezahlen. Höherwertige Produkte würden erschwinglicher, so wie das jetzt schon bei einigen Bioprodukten zu beobachten ist. Die Gründe dafür will ich gern noch etwas ausführen. Dabei ist es nötig, Erzeugung, Verarbeitung und Handel gleichermaßen zu betrachten.

Kaum ein Endverbraucher macht sich bewusst, welche Summen die Chemie in der landwirtschaftlichen Produktion verschlingt. In den USA, wo der Chemieeinsatz besonders hoch ist, gaben die Farmer im Jahr 2021 insgesamt 29,5 Milliarden Dollar für chemische Düngemittel und sogenannte Soil Conditioner aus. Für Pflanzenschutzmittel legten sie dann noch einmal 17,8 Milliarden Dollar auf den Tisch. In Europa sind die Zahlen etwas niedriger, aber auch hier gibt es Betriebe, bei denen die Ausgaben für Chemie 20 Prozent oder noch mehr der Gesamtkosten betragen. In der regenerativen Landwirtschaft fallen diese Kosten weg. Die Produktionskosten für landwirtschaftliche Produkte könnten allein dadurch deutlich sinken. Gabe Brown, einer der Pioniere der regenerativen Landwirtschaft, sagte schon vor Jahren in seinen Vorträgen vor Landwirten: »Ich gehe mit jedem von euch eine Wette ein, dass ich mit meiner Ranch ohne Subventionen profitabel sein kann und ihr das nicht könnt.« Er wusste aus Erfahrung, wie teuer die Chemie ist und wie sehr diese Ausgaben am Schluss die Gewinne aufzehren. Nun kommen niedrigere Produktionskosten nicht immer bei den Endverbrauchern an. In diesem Fall ist das jedoch zu erwarten, da die Kosten deutlich und bei sämtlichen Produzenten sinken werden. Die großen Lebensmittelhändler könnten deshalb Preissenkungsrunden beginnen, so wie wir das heute bereits kennen.

Wenn in der Biolandwirtschaft keine Chemie eingesetzt werden darf, warum sind Bioprodukte dann trotzdem teurer als chemisch-industriell erzeugte Produkte? Das liegt zunächst einmal daran, dass umweltschonende Methoden in der Landwirtschaft heute noch einen wesentlich höheren Arbeitsaufwand bedeuten. Wenn Pflanzen zum Beispiel mit mechanischen Maßnahmen frei von Unkraut gehalten werden, dann ist das wesentlich arbeitsintensiver, als einfach nur Chemie zu versprühen. Bis dato sind die Alternativen zur Chemie also nicht etwa kostengünstiger, sondern sogar noch teurer. Wäre das anders, dann hätten wir möglicherweise längst mehr Biolandwirtschaft. Aufwendiger ist auch die Verarbeitung von Bioprodukten, da zum Beispiel viele Zusatzstoffe, mit denen in der konventionellen Lebensmittelindustrie gearbeitet wird, nicht erlaubt sind. Auch das Einhalten der strengen Auflagen und die häufigen Betriebskontrollen kosten die Biolandwirtschaft viel Geld.

**Bei Bioprodukten erleben wir bereits jetzt höhere Verbreitung und sinkende Preise. Das ist erst der Anfang der Entwicklung.**

Bioprodukte sind jedoch nicht allein aufgrund ihrer Produktions- und Verarbeitungskosten teurer, sondern auch aufgrund der höheren Gewinnmargen, die der Handel für sich beansprucht. Bei einem Brötchen kostet es in der Produktion vielleicht einen oder anderthalb Cent mehr, Biomehl zu verwenden. Trotzdem wurden Biobrötchen in der Vergangenheit gerne auch einmal 20 Cent teurer verkauft als die Massenware. Dies ist ein typisches Phänomen der Marktwirtschaft: Solange ein Produkt als etwas Besonderes gilt, lässt es sich mit größeren Gewinnspannen verkaufen. Je verbreiteter und austauschbarer Produkte werden, desto weniger ist es möglich, hohe Preise zu verlangen. Bio verbreitet sich gerade sehr stark, deshalb sinken auch die Preise. Wenn Bioprodukte trotzdem immer noch oft mit Luxus in Verbindung gebracht werden, so hat dies auch mit den Sortimenten im Handel zu tun. Bioläden führen viele exquisite Produkte, die es bei den Discountern überhaupt nicht gibt: Nussmus aus 100 Prozent

Nüssen, getrocknete Steinpilze, frisches Pesto und so weiter. Bei den eins zu eins vergleichbaren Produkten sind die Preisunterschiede längst nicht mehr so groß wie früher. In manchen Wochen gibt es Biobananen bei Edeka oder Rewe sogar günstiger als die Bananen der weltbekannten Marke mit dem blauen Etikett.

Auf der anderen Seite hat es auch einen gewissen Vorteil, wenn Bioprodukte für den Handel zumindest im Moment noch profitabler sind als chemisch-industriell erzeugte. Dadurch existiert ein wirtschaftlicher Anreiz, mehr Bioprodukte zu verkaufen – und damit die Biolandwirtschaft insgesamt zu unterstützen. Der nächste logische Schritt muss jetzt der Umstieg auf regenerative Landwirtschaft sein, wie ihn Walmart schon im Jahr 2020 öffentlich angekündigt hat.

## Ein neuer Gründergeist im gesamten Lebensmittelsektor

Bei einer Landwirtschaft mit gesunden Böden und hoher Diversität der angebauten Pflanzen wird die Kostenseite am Ende deutlich besser aussehen als im heutigen ökologischen Landbau. Genau wie im Wald nicht ständig Unkraut gejätet werden muss, um das Ökosystem zu erhalten, besitzt auch eine natürliche Landwirtschaft höhere ökologische Stabilität, als wir das bei der heutigen Bodenqualität kennen. Pflanzen, die in gesunden Böden tief wurzeln können, sind widerstandsfähiger als alles, was wir in degenerierten Böden künstlich hochgezüchtet haben. Sobald der Mensch seltener in das Pflanzenwachstum eingreift, werden auch die Produktionskosten sinken. Eine natürliche Landwirtschaft ist weniger arbeitsintensiv und daher automatisch effizienter als sämtliche heutige Produktionsweisen. Hinzu kommt die weitere technologische Entwicklung: Die Kombination aus natürlichem Pflanzenwachstum und Hightech wird auch auf der betriebswirtschaftlichen Seite zum Gamechanger werden.

**Der wirtschaftliche Druck auf die Landwirte wird sinken. Natürliche Landwirtschaft kann ein ehrliches und auskömmliches Business sein.**

Im vorherigen Kapitel habe ich bereits von einer Effizienzsteigerung um den Faktor drei bis vier durch autonom fahrende Maschinen gesprochen. Die Verbesserung der Produktionsabläufe durch Künstliche Intelligenz kommt noch hinzu. Insgesamt ist das Optimierungspotenzial so groß, dass die sinkenden Kosten auch die Preise für die Endverbraucher reduzieren dürften. Doch zunächst wird der wirtschaftliche Druck auf die Landwirte sinken. Natürliche Landwirtschaft innerhalb einer sozialen Marktwirtschaft kann ein ehrliches und auskömmliches Business sein, das ohne staatliche Subventionen auskommt. Ich wage deshalb die Vorhersage, dass wir in der Landwirtschaft innerhalb der nächsten Jahre einen neuen Gründergeist erleben werden.

Dies gilt übrigens nicht allein für die Landwirtschaft, sondern für den gesamten Lebensmittelsektor. Wenn ich zur CES nach Las Vegas will, plane ich gerne noch einen Abstecher zu den Start-ups in Kalifornien ein. Im Silicon Valley und rund um die Bucht von San Francisco machen sich zigtausende Menschen täglich Gedanken über die Produkte und Dienstleistungen der Zukunft. Diese Ecke der Welt ist wie ein einziger großer Thinktank. Der US-amerikanische Kapitalismus sorgt zudem dafür, dass den Erfindern und Gründern hier enorme Investitionssummen zufließen. Bei meinem Trip im Januar 2024 war ich mit der Gründerin eines Start-ups verabredet, das aus Soja einen Käse herstellen will, der so natürlich reift und schmeckt wie Käse aus Milch. Diese Gründerin ist 35 Jahre alt und gebürtige Libanesin. Sie wurde an ihrem 18. Geburtstag von ihrer Mutter mit einem One-Way-Ticket nach Kalifornien geschickt, um dort etwas aus ihrem Leben zu machen. Da sie eine Laktoseintoleranz hat, trotzdem gerne Käse isst und die heutigen pflanzlichen Ersatzprodukte ungenießbar findet, begann sie zu experimentieren. Inzwischen hat sie 80 Leute in ihrem Team und einige der ganz großen Investoren aus dem Silicon Valley für sich gewonnen.

Ob das Produkt eines Tages Erfolg haben wird – oder überhaupt sinnvoll ist –, kann an dieser Stelle offenbleiben. Mir zeigen solche Beispiele, dass wir bei Lebensmitteln zahlreiche Innovationen erleben werden, sobald die Verbraucher einmal bereit sind, ihre Ernährung umzustellen. Es ist unrealistisch, dass sich die Mehrheit der Menschen zukünftig aus dem eigenen Garten ernähren wird. Wir brauchen deshalb natürlich-nahrhafte, überwiegend pflanzliche Produkte, die von den Verbrauchern auch angenommen werden. So gelingt die Wende zu einer gesunden Ernährung für alle.

**Lebensmittel können immer nur so gut sein wie ihre Rohstoffe. Wir brauchen deshalb Erzeugnisse aus gesunden Böden in größeren Mengen.**

Am Ende können Lebensmittel immer nur so gut sein wie die zum überwiegenden Teil aus der Landwirtschaft stammenden Rohstoffe, die ihre Grundlage bilden. Bevor es an neue Ideen zur Verarbeitung geht, brauchen wir erst einmal nährstoffreiche Erzeugnisse aus gesunden Böden in ausreichenden Mengen. Bei der heutigen Biolandwirtschaft sind die Erträge im Durchschnitt deutlich geringer als in der konventionellen Landwirtschaft. Deshalb mutmaßen nun manche, auch die regenerative Landwirtschaft würde weniger Ertrag liefern. Für eine Übergangszeit kann das tatsächlich der Fall sein, da sich Bodengesundheit und lebendige Ökosysteme nun einmal nicht über Nacht wiederherstellen lassen. Es braucht hier einige Jahre Geduld. Doch diese Geduld zahlt sich aus, wie nicht zuletzt Gabe Brown mit seinen mehr als 25 Jahren Erfahrung in der regenerativen Landwirtschaft bewiesen hat.

An dieser Stelle darf man sich auch daran erinnern, dass es die konventionelle Landwirtschaft ist, deren Ertragskraft spätestens seit dem Jahr 2000 kontinuierlich sinkt. Dies wird bisher lediglich durch den Einsatz von noch mehr Dünger und Chemie kaschiert. Die Dosis nun noch weiter zu steigern, wäre nicht nur ökologischer, sondern auch wirtschaftlicher Unsinn.

## Was bedeutet »Vertical Food Chain«?

**Immer mehr Verbraucher sind bereit, für nachhaltige Produkte mehr zu bezahlen. Sie wollen jedoch ehrlich informiert werden.**

Verbraucher sind immer kritischer und besser informiert – so lässt sich einer der wichtigsten Trends im Einzelhandel auf den Punkt bringen. Nach einer Studie der auf Marketing, Vertrieb und Preisfindung spezialisierten Unternehmensberatung Simon-Kucher aus dem Jahr 2023 kaufen inzwischen 27 Prozent der Deutschen weniger oder nichts, wenn keine nachhaltigen Produkte verfügbar sind. Grundsätzlich seien 43 Prozent sogar bereit, für nachhaltige Artikel mehr zu bezahlen als für Standardartikel, so die von dem bekannten Mittelstandsforscher Professor Hermann Simon gegründete Beratungsfirma. Ungefähr ebenso viele Menschen machten sich gleichzeitig Sorgen über »Greenwashing«. Sie befürchten, Produkte könnten allein durch geschicktes Marketing als nachhaltig hingestellt werden, ohne es tatsächlich zu sein. Die größten Zweifel haben Konsumenten laut der genannten Studie bei Lebensmitteln: 44 Prozent trauen den heutigen Nachhaltigkeitslabeln nicht. Die Studie zeigt: Produzenten und Händler haben kaum noch eine andere Wahl, als auf die veränderten Erwartungen der Verbraucher und deren zunehmend kritische Nachfragen zu reagieren. Transparenz lautet hier eines der wichtigsten Stichworte. Immer weniger Kunden genügt es, wenn ihnen bestimmte Qualitätsmerkmale oder hohe ethische und ökologische Standards lediglich versprochen werden. Sie wollen sich selbst informieren und dabei ein klares Bild bekommen.

**Transparenz ist ein Schlüssel. Produkte lassen sich heute über jede Station der Lieferkette lückenlos zurückverfolgen.**

Dank der Digitalisierung ist dies auch immer besser möglich. Als »Track & Trace« bezeichnet man in der IT und Logistik eine Technologie, die es erlaubt, ein Produkt lückenlos zurückzuverfolgen – also über jede einzelne Station der Lieferkette hinweg bis zu seinem Ursprung. Diese Technik ist bereits in den Lebensmittelhandel eingezogen. Auf immer mehr Verpackungen finden sich QR-Codes mit der Aufforderung, diese mit dem Smartphone zu scannen, um sowohl die Herkunft des Produkts als auch seinen genauen Weg in den Handel nachvollziehen zu können. Es gibt auch bereits Aufkleber mit solchen QR-Codes, die auf lose verkauftem Obst und Gemüse angebracht sind. Nach der Idealvorstellung von Produzenten und Händlern sehen die Verbraucher zum Beispiel über den QR-Code auf einer Banane ein Foto von lächelnden Menschen auf einer Plantage in Costa Rica. Gleich daneben findet sich dann vielleicht der Hinweis, dass diese Bananenfarm von der »Rainforest Alliance« als nachhaltig zertifiziert wurde.

Wirklich überprüfen können Kunden solche Behauptungen bislang nicht. Doch je detaillierter die Informationen sind, desto glaubwürdiger sind sie naturgemäß auch. Schließlich können falsche Angaben als unlauterer Wettbewerb oder sogar Betrug rechtlich verfolgt werden. Das zöge dann unter Umständen empfindliche Strafen für die Unternehmen nach sich. Auch grassiert bei den Unternehmen heute mehr denn je die Angst vor Skandalen oder sogenannten Shitstorms in den sozialen Medien, die einen erheblichen Imageschaden und damit einhergehende Verluste bedeuten können. Da bleibt man besser bei der Wahrheit.

Ich kenne einen Landwirt in Ostdeutschland, der sich vor Kurzem über einen Großauftrag freuen konnte: Er wird in den nächsten Jahren 35 000 Schweine pro Jahr aus biologischer Landwirtschaft an einen der vier großen deutschen LEH-Konzerne liefern. Warum sich dieser Konzern stattdessen nicht beim Marktführer für Fleisch eindecken will, hat sicher unterschiedliche Gründe. Es liegt jedoch auf der Hand, dass es bei kritischen Verbrauchern wesentlich besser ankommt, wenn sie ihr Schnitzel zu einem Bauernhof in Brandenburg zurückverfolgen können, als zu einem Großschlachter, der bereits in mehr als einen Skandal verwickelt war. Natürlich gibt es auch immer noch Kunden, denen es ganz egal ist, wo ihr Fleisch herkommt und unter welchen Bedingungen es produziert wurde – Hauptsache, es ist billig. Die Frage bleibt jedoch, wer die Treiber der Veränderungen im Markt sind und von wem die Impulse ausgehen. Dr. Tobias Günter, Partner und Head of Retail bei Simon-Kucher zu den oben zitierten Studienergebnissen, hat darauf eine klare Antwort: »Nachhaltigkeit ist ein Megatrend, der von Kundenpräferenzen getrieben wird. Diese Nachfrage nicht abzubilden, ist fatal für den Handel.« Seine Botschaft an den deutschen Einzelhandel lautet: »Wer kein nachhaltiges Sortiment bietet, wird abgestraft.«

## Eine Win-win-win-Situation zwischen sämtlichen Beteiligten

**In naher Zukunft werden Unternehmen der Lebensmittelbranche auf verschiedenen Stufen der Lieferkette noch intensiver kooperieren.**

Wir müssen insbesondere pflanzliche Lebensmittel anders erzeugen als bisher, wenn in 50 Jahren auf den Feldern noch etwas wachsen soll. Was wir essen, muss wieder mehr Nährstoffe enthalten, sofern wir nicht alle immer kränker werden wollen. Gleichzeitig verlangen schon heute immer mehr Verbraucher bei Lebensmitteln höhere Qualität und pochen auf Nachhaltigkeit bei der Produktion. Das alles zusammengenommen sind fast schon ideale Voraussetzungen für eine Win-win-win-Situation zwischen Produzenten, Händlern, Verbrauchern und der Natur. Um das Ziel nachhaltiger Ernährung für alle zu erreichen, werden bereits in naher Zukunft Unternehmen der Lebensmittelbranche auf verschiedenen Stufen der Lieferkette intensiver zusammenarbeiten. Dadurch ergibt sich eine vertikale Wertschöpfungskette bei landwirtschaftlichen Erzeugnissen und Lebensmitteln, eine »Vertical Food Chain«, wie ich sie nenne. Bereits heute ermöglicht die Digitalisierung vielfach eine gemeinsame Planung, Prognose und Bestandsführung zwischen Erzeugern oder Herstellern und Händlern. Dieser Ansatz heißt auch CPFR (Collaborative Planning, Forecasting and Replenishment) und es gibt ihn im Prinzip schon seit 20 Jahren. Durch die neueste Informationstechnologie, einschließlich der Künstlichen Intelligenz, und die fortschreitende Automatisierung kommen wir hier noch einmal auf einen höheren Level.

Angenommen, an einem Mittwoch im Juni zeigen die Thermometer in Deutschland 30 Grad. An einem so heißen Tag steigt im Handel erfahrungsgemäß die Nachfrage nach frischem Salat. Abends sind die Regale dann meist leer. Bereits mittags schickt an diesem Mittwoch die IT der Supermarktkette eine Bestellung an die Produzenten: Am nächsten Tag muss mehr Salat in die Regale kommen. Die Landwirte und Lieferanten ernten beziehungsweise verarbeiten daraufhin die zusätzlichen Salatköpfe, die noch auf ihren Feldern in der Erde stecken, und liefern sie über Nacht in die Filialen der Supermarktkette aus. Die Kunden kaufen am nächsten Morgen also Produkte, die am Mittag zuvor noch in den Beeten standen. Für eine solche Logistik braucht es nicht nur neueste Informationstechnologie, sondern auch die Zusammenarbeit unterschiedlicher Unternehmen in der gesamten vertikalen Wertschöpfungskette. Dabei fallen naturgemäß sehr viele Daten an, die über Unternehmensgrenzen hinweg geteilt werden. Weil dies der Fall ist, können diese Daten in entsprechend aufbereiteter Form auch gleich den Verbrauchern zur Verfügung gestellt werden. Es ist technisch heute schon möglich, jeden einzelnen Salatkopf so zurückzuverfolgen, wie wir das von den Sendungsverfolgungen der Paketdienste gewohnt sind.

**Künstliche Intelligenz liefert immer bessere Prognosen und kann das Wegwerfen von Milliarden Tonnen Lebensmitteln beenden helfen.**

Künstliche Intelligenz wird der Genauigkeit von Prognosen (dem »Forecasting« im Kürzel CPFR) noch einmal einen Schub geben. Wettervorhersagen werden dank KI-gestützter Modelle jetzt schon immer genauer. Hier macht sich bezahlt, dass KI in der Lage ist, selbstständig zu lernen und große Zusammenhänge zu erfassen. Bereits in den 2010er-Jahren begann ein Start-up, Bäckerketten mit von der Wettervorhersage abhängigen Verkaufsprognosen für die jeweils folgenden Tage zu versorgen. Tatsächlich kaufen die Kunden beim Bäcker nämlich je nach Wetterlage andere Produkte. Bei Sonnenschein sind Obstplunder der Renner, während bei Regen mehr Vollkornbrötchen gekauft werden. Künstliche Intelligenz wird das Verbraucherverhalten in den nächsten Jahren noch präziser vorhersagen können als heute. Das ermöglicht es einerseits den Erzeugern, frische Produkte über Nacht oder noch am selben Tag (»same-day«) zu liefern. Gleichzeitig lässt sich Lebensmittelverschwendung vermeiden, wenn ausschließlich Produkte in den Handel kommen, die auch verkauft und konsumiert werden.

Die Ernährungs- und Landwirtschaftsorganisation der Vereinten Nationen beziffert die Gesamtmenge der weltweit unnötigerweise weggeworfenen essbaren Lebensmittel auf derzeit 1,3 Milliarden Tonnen pro Jahr. Laut der Studie »Das große Wegschmeißen« der Naturschutzorganisation WWF landen bei uns in Deutschland jährlich über 18 Millionen Tonnen Lebensmittel im Müllcontainer. Dies entspricht fast einem Drittel unseres Nahrungsmittelverbrauchs von 54,5 Millionen Tonnen. Der überwiegende Teil dieser Lebensmittelabfälle, etwa zehn Millionen Tonnen, wäre »durch verbessertes Management, nachhaltigere Marketingstrategien und veränderte Konsumgewohnheiten« vermeidbar, so der WWF. Kämen alle unnötig weggeworfenen Lebensmittel aus Deutschland, so bedeutete dies laut den Naturschützern, dass 2,6 Millionen Hektar landwirtschaftliche Nutzfläche in Deutschland für den Müll bewirtschaftet werden. Das entspricht der Fläche Mecklenburg-Vorpommerns und des Saarlands zusammengenommen. Durch das große Wegwerfen entstehen unnötige $CO_2$-Emissionen in Höhe von knapp 50 Millionen Tonnen.

Durch Künstliche Intelligenz, eine noch intensivere Zusammenarbeit entlang der Vertical Food Chain sowie ein Umdenken bei dem, was und wie viel wir an Lebensmitteln kaufen und konsumieren, ließen sich in den nächsten Jahren solche Missstände abstellen. Zehn Millionen Tonnen noch haltbarer Lebensmittel könnten vor der Tonne gerettet werden und ein großer Teil der acht Millionen Tonnen verdorbener Lebensmittel rechtzeitig verkauft werden. Verschwendung von Lebensmitteln zu beenden, ist ein weiterer Riesenschritt zu mehr Nachhaltigkeit.

## YouTube-Videos aus dem hintersten Winkel der Erde

Digitalisierung bedeutet nicht allein Optimierung der Prozesse und Lieferketten in den Unternehmen, sondern auch die Verfügbarkeit von Informationen über alles und für alle. Wir leben zunehmend in einer »gläsernen Welt«, in der es genügt, einen Internetzugang zu besitzen, um an Informationen über so gut wie jedes Thema zu kommen. Digitale Kanäle gewähren uns Einblick in die hintersten Winkel der Erde. Alles wird transparent. Skandale kommen ebenso schnell ans Licht wie bahnbrechend neue wissenschaftliche Erkenntnisse. Nichts lässt sich mehr lange verstecken. War es noch vor zehn Jahren nötig, geschickt zu googeln, um gezielt an fundierte Informationen zu kommen, so fragen wir heute einfach die Künstliche Intelligenz in unserer ganz natürlichen Sprache. Manchmal genügt es sogar, bei YouTube bloß ein Stichwort einzugeben, und man bekommt Zugang zu Videos, die einem Hintergründe in Wort und Bild präsentieren.

**Online-Bewertungen und Tests sind heute auch bei Lebensmitteln allgegenwärtig. Neue Erkenntnisse machen schnell die Runde.**

Noch vor 30 Jahren schlugen die meisten Deutschen am Frühstücktisch die Zeitung auf und setzten sich abends vor den Fernseher. Informationen bekamen sie weitgehend nach dem Push-Prinzip, das heißt, ohne aktiv auswählen zu müssen, aber auch, ohne Einfluss nehmen oder direkt Feedback geben zu können. Heute rufen wir nicht nur unsere Informationen zunehmend nach dem Pull-Prinzip selbst ab – in dem Umfang und zu dem Zeitpunkt, wie wir es wünschen. Sondern wir können auch ständig Feedback geben durch Likes, Kommentare und sogar eigene neue Beiträge. Wenn es um Produkte geht, dann wissen wir im Handumdrehen nicht nur, wie professionelle Tester diese bewerten, sondern auch, wie viele Sterne sie bei der Kundschaft bekommen haben. Sehe ich ein neues Produkt eines Lebensmittelherstellers im Supermarkt, kann ich mein Smartphone aus der Tasche holen und erst einmal Berichte und Bewertungen überfliegen, bevor ich es in den Einkaufswagen lege. Gleichzeitig strömen aber auch mehr Informationen nach dem Push-Prinzip auf uns ein als jemals zuvor. Online gibt es einen ständigen Strom von Neuigkeiten, gepaart mit jeder Menge Werbung, die unsere Aufmerksamkeit verlangen. Darunter sind auch täglich neue Berichte und Tipps zum Thema Gesundheit und Ernährung. Vieles davon stiehlt uns vielleicht nur unsere Zeit, doch auch richtige und wichtige Erkenntnisse machen auf diese Weise die Runde. Viele Verbraucher haben Gesundheits-, Ernährungs- und Fitness-Apps installiert oder entsprechende Seiten abonniert. Sie möchten auf dem Laufenden bleiben und sind offen für Anregungen für einen gesünderen Lebensstil.

**Verbraucher könnten zukünftig noch mehr Nachhaltigkeit fordern. Selbst die großen US-Konzerne springen auf den regenerativen Zug auf.**

Betrachtet man sämtliche Einflussfaktoren und beginnenden Veränderungen, so bin ich optimistisch, dass die Umstellung auf eine regenerative Produktionsweise nicht mehr allzu lange auf sich warten lassen wird. Die neuen Erkenntnisse über den Zusammenhang zwischen Bodengesundheit, nachhaltiger Landwirtschaft, menschlicher Gesundheit und Klima werden sich weiterverbreiten. Die Verbraucher werden daraufhin wahrscheinlich noch mehr auf nachhaltige und dann zunehmend auch regenerative Produkte pochen. Und die Unternehmen werden sich dem anpassen, weil sie wissen, dass es letztlich ihre Kunden sind, die die Löhne ihrer Beschäftigten und die Dividenden ihrer Shareholder zahlen. Wenn selbst McDonalds und PepsiCo, die bisher nicht als Öko-Pioniere aufgefallen sind, auf den Zug zur regenerativen Erzeugung aufspringen, werden viele andere folgen. Wir sollten mit alledem jedoch noch nicht zufrieden sein. Wenn es das Ziel ist, die Natur und die Menschheit in den Mittelpunkt des Handelns zu stellen, dann braucht unser gesamtes Wirtschaftssystem ein Upgrade.

## Gesunder Kapitalismus ist möglich

Das gesamte Universum ist Energie. Die Physik nimmt an, dass es im Urknall aus reiner Energie entstanden ist. Als Erstes bildeten sich die Elementarteilchen. Anschließend gingen diese Teilchen

Bindungen zu Atomkernen und weiter zu Atomen ein. Doch auch die vielfältigsten Verbindungen von Atomen bestehen weiter aus Energie. Selbst das, was wir als materielle Welt wahrnehmen, ist physikalisch gesehen nur eine besonders kompakte, verdichtete Form von Energie. In unserem kapitalistischen Wirtschaftssystem ist das wahre Kapital deshalb stets Energie und nicht etwa Geld. Geld ist bloß eine Fiktion. Menschen haben sich diese Form des Tausch- und Zahlungssystems ausgedacht, um die Interaktion in großen Gruppen besser organisieren zu können. Energie ist dagegen keine Fiktion, sondern Realität. Ausnahmslos alles, was Menschen in Bewegung setzen und erschaffen, wandelt Energie um. Zum Beispiel wandelt ein Benzinmotor chemische Energie in mechanische Energie um. Wer in der Vergangenheit die Energieumwandlung beherrschte, der dominierte stets auch die Wirtschaft. Menschen liefern sich bis heute Kämpfe um Energie, weil sie der Meinung sind, Energie sei knapp. Das erscheint eigentlich widersinnig, wenn alles im Universum Energie ist. Müssen wir wirklich befürchten, dass uns die Energie ausgeht?

**Steht die Wirtschaft mit dem Ende der fossilen Ressourcen vor dem Aus? Nein, an verfügbarer Energie wird es auch zukünftig nicht mangeln.**

»Im Grunde genommen ist die industrielle Revolution nichts anderes als eine Revolution der Energieumwandlung«, schreibt Professor Yuval Noah Harari in seinem Weltbestseller *Eine kurze Geschichte der Menschheit.* Mit dem Beginn der industriellen Revolution standen uns plötzlich bisher ungekannte Mengen an Energie sowie neue Technologien zu deren Umwandlung zur Verfügung. Kohle und die Dampfmaschine brachten die Großindustrie und das Eisenbahnnetz des 19. Jahrhunderts hervor. Erdöl und der Verbrennungsmotor bildeten die Basis für den Konsummaterialismus des 20. Jahrhunderts. Im 21. Jahrhundert wissen wir nun, welchen Preis wir dafür zahlen mussten, die als fossile Stoffe im Boden gespeicherte Energie für unsere Wirtschaft zu nutzen. Die Klimakrise und die Vergiftung der Natur sind unmittelbare Folgen der Ausbeutung nur kurzfristig billiger, jedoch langfristig schädlicher und damit umso teurerer Ressourcen über einen

Zeitraum von lediglich 250 Jahren. Steht die Wirtschaft jetzt zwangsläufig vor dem Aus? Nein, denn auch nach dem Ende des fossilen Zeitalters wird kein Mangel an verfügbarer Energie herrschen. Sofern wir lernen, Energie intelligenter als bisher umzuwandeln, ist sogar das genaue Gegenteil der Fall.

Die in fossilen Vorkommen der Erde gespeicherte Energiemenge ist nämlich winzig im Vergleich zu der Energie, die unsere Sonne jeden Tag zu uns schleudert. Jahr für Jahr kommen 3 766 800 Exajoule Sonnenenergie auf der Erde an. Ein Exajoule entspricht einer Trillion Joule (10 hoch 18 Joule). Zum Vergleich: Der Mensch hat einen täglichen Energiebedarf von etwa 8000 bis 10 000 Kilojoule. Über acht Milliarden Menschen auf der Erde mit ihrem täglichen Energiebedarf, ihrer kompletten Wirtschaftsleistung und ihrem gesamten materiellen Konsum verbrauchen zurzeit pro Jahr weniger als 500 Exajoule. So viel Energie schickt die Sonne in anderthalb Stunden auf die Erde! Und das ist nur die direkte Sonneneinstrahlung. Hinzu kommt die Energie aus dem Wind, der letztlich eine Folge von durch Sonneneinstrahlung erzeugten Temperaturunterschieden ist. Das dritte Stadium der industriellen Revolution, das jetzt beginnt, basiert nicht mehr auf Kohle beziehungsweise Erdöl wie die ersten beiden Stadien, sondern auf der Kraft der Sonne und des Winds. Wir verfügen bereits heute über die nötige Technik, um aus Sonne und Wind große Mengen von Energie umzuwandeln. Neben Batterien ist Wasserstoff ein mögliches Medium zur Speicherung und zum Transport dieser sauberen Energie. Auch hier ist die Technik grundsätzlich schon da, wenn auch noch nicht ausgereift und skalierbar.

**Die unendliche Energie aus Sonne und Wind lässt sich nicht länger monopolisieren. Energie wird billiger werden, bis sie fast kostenlos ist.**

Nun kommt der entscheidende Punkt: Anders als die endliche fossile Energie lässt sich die unendliche Energie aus Sonne und Wind auf Dauer nicht mehr monopolisieren und den Menschen teuer verkaufen. Mit dem Ende der bisherigen Energie-Oligopole könnten wir auch das baldige Ende des heutigen Kapitalismus erleben. Der US-amerikanische Ökonom, Managementberater und

Bestsellerautor Jeremy Rifkin sagt sogar voraus, dass Strom aus Sonne und Wind in spätestens 35 Jahren praktisch nichts mehr kosten wird. Ähnlich wie bei der Telefonie, die vor 40 Jahren noch sehr teuer war und heute über das Internet annähernd kostenfrei ist. Wir werden diese saubere Energie überall auf der Welt dezentral produzieren und in ein »Energie-Internet« einspeisen, das den Strom mittels Big Data und Künstlicher Intelligenz immer genau dorthin leitet, wo er gebraucht wird. So wie heute die Mainframe-Großrechner von IBM der Vergangenheit angehören und stattdessen fast alle Menschen einen Supercomputer in Form eines Smartphones in der Tasche haben, werden sich Großkraftwerke zur Stromerzeugung erledigt haben.

Annähernd kostenloser Strom in nahezu beliebigen Mengen kombiniert mit annähernd unbegrenzter Intelligenz von Computern sind zusammengenommen ein Gamechanger, dessen Konsequenzen wir heute noch gar nicht im vollen Umfang absehen können. Energieautarke Gemeinschaften werden zukünftig in der Lage sein, im Einklang mit der Natur und ohne Abhängigkeit von Konzernen für sich selbst und zum Wohle aller zu wirtschaften. Solche kleinteiligen, vernetzten und kollaborativen Gemeinschaften – Jeremy Rifkin nennt sie »Collaborative Commons« – werden schließlich auch ausreichende Mengen an natürlichen und gesunden Lebensmitteln für alle produzieren. Die jetzt anstehende große wirtschaftliche Transformation wird nicht von einer neuen Ideologie getrieben sein, sondern von neuen Formen der Energiegewinnung und neuer Technologie.

## Wirtschaft jenseits von Konkurrenz, Effizienz und Wachstum

Neben der künstlichen Verknappung und Monopolisierung von Energie gibt es noch drei weitere Merkmale des heutigen Kapitalismus, die höchstwahrscheinlich keine Zukunft haben: Konkurrenzdenken, Effizienzoptimierung und grenzenloses Wachstum. Am wenigsten vermissen werden wir das Konkurrenzdenken. Warum konkurrieren Menschen überhaupt miteinander? Aufgrund

Die Wirtschaft der Zukunft kommt ohne Konkurrenzdenken, Effizienzoptimierung und grenzenloses Wachstum aus.

eines Missverständnisses – oder einer bewussten Falschdeutung – der Schriften von Charles Darwin ging man lange davon aus, Konkurrenz sei das zentrale Prinzip der Evolution. Die vielen unterschiedlichen Arten, so glaubte man, konkurrieren permanent um die knappen Ressourcen der Erde. Am Ende gilt dann vor allem in der amerikanischen Denkweise: »The Winner Takes it All.« Tatsächlich schrieb Darwin von »survival of the fittest«, was jedoch nicht das Überleben der *stärksten*, sondern der am besten *angepassten* Spezies meint. Heute wissen wir, dass Anpassung, Kooperation und Synergie die wichtigsten Prinzipien der Evolution sind. Trotzdem wollen wir, gerade wenn es um Wirtschaft geht, von Konkurrenz und Wettbewerb noch immer nicht lassen. Wir glauben nur allzu gerne, Konkurrenz führe zu Effizienz und garantiere, dass die besten Lösungen sich durchsetzen. Konkurrenz ist jedoch das Ergebnis eines Mangelbewusstseins. Weil wir meinen, es gäbe nicht genug für alle, müssen wir um das Wenige miteinander konkurrieren.

**In einer zukünftigen Wirtschaft im Einklang mit der Natur und ihren Prozessen zeigt sich, dass es genug für alle gibt und immer schon gab.**

In Wirklichkeit spendet nicht nur die Sonne im Überfluss kostenlos Energie, sondern die gesamte Natur bedeutet Überfluss. Uns ist dies nicht mehr bewusst, weil vor 10 000 Jahren eine kleine Elite angefangen hat, Schwächere auszubeuten und immer mehr materiellen Besitz für sich zu horten. Dadurch sind unnatürliche und ungerechte Strukturen entstanden, die sich über die Jahrtausende weiter verstetigt haben. Sobald wir uns wieder mehr auf die Natur und auf natürliche Prozesse besinnen, uns der Natur anpassen und im Einklang mit ihren Rhythmen wirtschaften, werden wir merken, dass es genug für alle gibt und immer schon gab. Es wird niemals möglich sein, dass jeder Mensch in einer Villa mit Meerblick lebt und fünf Autos in der Garage hat. Solche Auswüchse des Konsumzeitalters haben keine Zukunft. Doch eine Wirtschaft, die sich wieder mehr an der Natur und den Prinzipien der Evolution orientiert, wird die natürlichen Bedürfnisse eines jeden Individuums nach gesunder Nahrung, Schutz und Wärme, sinnvollem Tun und Einbettung in eine fürsorgliche Gemeinschaft erfüllen können. Wir werden in der Lage sein, Hunger und Armut ein für alle Mal zu beenden, und können ein gutes Leben für alle Erwachsenen und Kinder auf dieser Welt ermöglichen.

Es gilt als eine der großen Stärken unseres heutigen Wirtschaftssystems, dass es effizient ist. Die ständige Optimierung von Produktionsweisen und -prozessen, Lieferketten und Distributionsverfahren sorgt tatsächlich für ein immer besseres Verhältnis von Input und Output. Übertriebenes Effizienzstreben hat allerdings auch Schattenseiten; einige davon habe ich in diesem Buch bereits behandelt. Das landwirtschaftliche Produktionssystem der USA ist zwar an Effizienz kaum zu überbieten – gleichzeitig schädigt es die Natur, macht die US-Bürger chronisch krank und interessiert sich nicht für das Elend der Tiere in den Mastanlagen der Intensivtierhaltung. Effizienz ist gut und richtig, wenn es zum Beispiel um die Erhöhung des Wirkungsgrads einer Technologie geht. Effizienzstreben mit dem Ziel permanenter Gewinnsteigerung hat unsere Wirtschaft jedoch auf einen Weg geführt, der nicht nachhaltig ist und dem Menschen wie der Natur schadet.

**Resilienz wird wichtiger als Effizienz. Lieferketten dürfen nicht mehr so schnell zusammenbrechen wie während der Corona-Pandemie.**

Während der Corona-Pandemie wurde dies schlagartig deutlich: Lieferketten brachen innerhalb kürzester Zeit zusammen, weil sie zwar hoch effizient, aber nicht resilient waren. Für die Wirtschaft der Zukunft wird Resilienz sehr viel wichtiger sein als Effizienz. Das ist die Kernaussage von Jeremy Rifkin in seinem jüngsten Buch *Das Zeitalter der Resilienz*. Tatsächlich ist Resilienz und nicht etwa Effizienz ein Prinzip der Natur und der Evolution. Wir brauchen eine Wirtschaft und insbesondere eine Landwirtschaft, die widerstandsfähig ist – gegenüber einem weniger berechenbaren Klima, weiteren Pandemien, größeren Migrationsströmen und anderen Zukunftsrisiken, die jetzt bereits absehbar sind. Auch hier lässt sich von der Natur viel lernen: Überall in der Natur finden sich Redundanz und Vielfalt. Nirgendwo sehen wir dagegen effizienzgetriebene Monokulturen.

**Der Konsummaterialismus und unser auf Schulden basierendes Geldsystem gehören auf den Prüfstand. Alternativen sind möglich und richtig.**

Verabschieden dürfen wir uns schließlich auch vom »Shopping-Zeitalter« – wie Yuval Noah Harari es in dem oben bereits zitierten Buch nennt – und seinem Zwang zu immer mehr Konsum. Ein irrsinniger Konsum ist heute nötig, um ein Wirtschaftssystem am Leben zu erhalten, das auf permanentes Wachstum angewiesen ist. Wenn wir nicht immer mehr produzieren und konsumieren, bricht die heutige Wirtschaft zusammen. Industrie, Investoren und Banken gehen dann pleite. Der Konsummaterialismus prägt unsere Kultur mittlerweile so sehr, dass sich viele Menschen etwas anderes gar nicht mehr vorstellen können. Doch permanentes Wachstum widerspricht den Prinzipien der Natur und der Evolution. Die Natur ist zyklisch, nicht linear. Leben in der Natur bedeutet Aufblühen, Absterben und erneutes Aufblühen. Unsere Wachstumsfixierung hängt mit einem auf Schulden und Zinserträgen basierenden Geldsystem zusammen, das sich bereits die alten Babylonier ausgedacht haben und das seitdem immer weiter perfektioniert worden ist. Wir können dieses System jedoch jederzeit ändern und durch eines ersetzen, das ein Wirtschaften in natürlichen Kreisläufen unterstützt. Warum dies bis jetzt noch nicht geschieht, hat mit der Agenda der heutigen Akteure zu tun, auf die ich im abschließenden Kapitel noch eingehen werde.

## Das Gute am Kapitalismus und der »gesunde« Kapitalismus

Nie ist alles nur schlecht. Unser heutiges kapitalistisches Wirtschaftssystem, besonders die bei uns in Deutschland seit dem Zweiten Weltkrieg entstandene Variante der sozialen Marktwirtschaft, hat uns viele Vorteile beschert und vieles lernen lassen. Die Effizienz unseres Wirtschaftens werden wir nicht vollständig aufgeben wollen, selbst wenn wir erkennen müssen, dass Resilienz wichtiger ist als Effizienz. Ein wesentlicher, wenn nicht entscheidender Vorteil der Marktwirtschaft ist zudem die dezentrale Planung. Wo sich viele Menschen unabhängig voneinander Gedanken um Innovationen machen und auf einem Markt zusammenkommen, da ist die

Innovationsgeschwindigkeit bisher am höchsten. Wir können und müssen auch nicht zurück zu den Gesellschaften der Jäger und Sammler. Dafür sind wir zu viele Menschen auf der Erde und inzwischen zu intelligent und kreativ, wie Jeremy Rifkin treffend feststellt. Unsere Wirtschaft braucht jetzt weder eine blutige Revolution à la Lenin noch einen Rückfall in die Urzeit. Was wir brauchen, ist ein großes Upgrade. Dafür stimmen auch alle Voraussetzungen: Die Innovationsgeschwindigkeit wird in den nächsten Jahren exponentiell zunehmen. Innovationen, nicht politische Entscheidungen, werden der Motor des wirtschaftlichen und gesellschaftlichen Wandels sein.

**Wir brauchen ein großes Upgrade. Die Kombination aus Hochtechnologie und einer natürlichen Lebensweise kann der Schlüssel zum Erfolg sein.**

Was zunächst vielleicht widersprüchlich erscheint, die Kombination aus Hochtechnologie und einer natürlichen Lebensweise, kann dabei gerade der Schlüssel zum Erfolg sein. Genau diese Synthese macht nach meiner Überzeugung den Kern einer neuen Wirtschaft aus. Wir werden in den nächsten Jahrzehnten großartige technologische Möglichkeiten zur Verfügung haben. Doch wenn wir sie weiter dazu missbrauchen, im Streben nach einem grenzenlosen Wachstum den Reichtum einiger weniger zu potenzieren, dann werden sie eher zu unserem Untergang beitragen als zu unserer Rettung. Was wir brauchen, ist eine Wirtschaft, die nicht allein die Erde aufblühen lässt, sondern uns alle. Die Robotisierung könnte uns von der Notwendigkeit schwerer körperlicher Arbeit endgültig befreien. Das Ergebnis dieser nie gekannten Freiheit darf aber nicht die »TikTokisierung« und Verdummung der Menschheit sein. Es wäre ein Armutszeugnis, wenn wir statt materieller Produkte nun immer mehr digitale Bilder konsumierten. So lange, bis wir vollkommen abgehoben und entfremdet von unseren Körpern und der Natur in einem Fantasiereich wie dem »Metaversum« leben – wiederum unfrei und gesteuert von einigen wenigen, die davon profitieren.

Wir haben stattdessen die Chance, die totale Ökonomisierung rückgängig zu machen. Konsum muss in Zukunft nicht länger das Wichtigste im Leben sein und Wirtschaft nicht mehr das, was über Glück und Unglück der Menschheit entscheidet. Ein »gesunder Kapitalismus« ist einer, der sich nicht mehr so wichtig nimmt und bereit ist, in die zweite Reihe zurückzutreten. Diesem »Kapitalismus« geht es mehr um soziales und ökologisches Kapital, um Gesundheits- und Glückskapital als um Finanzkapital. Der mächtigste Mensch ist hier nicht mehr Larry Fink, ja überhaupt keine einzelne Person. Die Macht haben wir alle als Menschheit – und sind uns dabei mit einer gewissen Demut bewusst, dass wir diese Macht nur geliehen haben. Diesen gesunden Kapitalismus können wir jetzt erschaffen. Die Zukunft ist nicht gottgegeben, sondern kann von uns gestaltet werden – jedoch nur innerhalb des natürlichen Universums. Wir brauchen die Natur zum Überleben, doch die Natur braucht uns nicht.

# 8 Menschheit

In Deutschland gibt es immer mehr Superreiche. Das meldete die Deutsche Presse-Agentur im Sommer 2024. Sie bezog sich dabei auf eine Analyse der Unternehmensberatung Boston Consulting Group (BCG). Demnach stieg die Zahl der Deutschen mit einem Finanzvermögen von mehr als 100 Millionen US-Dollar – so lautet die anerkannte Definition von »superreich« – zuletzt jährlich um zehn Prozent. Im Jahr 2023 gab es hierzulande bereits 2300 Superreiche. Sie besaßen knapp ein Viertel des inländischen Finanzvermögens. Darunter versteht man Bargeld, Kontoguthaben, Schuldverschreibungen, Aktien, Investmentfonds und Pensionen. Nicht eingerechnet sind Sachwertvermögen wie etwa Immobilien, Edelmetalle und Kunstgegenstände. Insgesamt beläuft sich das Finanzvermögen der Superreichen bei uns aktuell auf knapp zwei Billionen Euro.

**Acht Plutokraten haben mehr Geld als die Hälfte der Menschheit. Gleichzeitig lebt 46 Prozent der Weltbevölkerung in Armut.**

Die zunehmende Ungleichverteilung des Wohlstands in Deutschland ist dabei lediglich der Spiegel einer globalen Entwicklung. Das Jahr 2017 markierte hier eine Zäsur: Seit diesem Zeitpunkt ist das Vermögen der acht reichsten Menschen auf dem Planeten so groß wie das der Hälfte der Menschheit. Entsprechende Daten veröffentlichte die Hilfs- und Entwicklungsorganisation Oxfam. Man reibt sich die Augen und liest diese Aussage vielleicht ein zweites Mal. Doch es stimmt tatsächlich: Acht Plutokraten haben mehr Geld als knapp vier Milliarden Menschen zusammengenommen. Dies wird leichter verständlich, wenn man sich klarmacht, dass aktuell 46 Prozent der Weltbevölkerung unterhalb der relativen Armutsgrenze von 5,50 US-Dollar pro Tag leben. Etwa 750 Millionen Menschen sind sogar von extremer Armut betroffen und müssen mit weniger als 2,15 Dollar am Tag auskommen.

Es ginge in die falsche Richtung, die Superreichen für das Auseinanderklaffen der Schere zwischen Arm und Reich verantwortlich zu machen und sie bekämpfen zu wollen. »Don't hate the player, hate the game«, lautet ein Spruch, den ich einmal auf einem T-Shirt gelesen habe. Das Spiel, das wir als globalisierte Menschheit spielen, ist längst zu einem Endspiel geworden. Als die Menschen noch als Jäger und Sammler mit den Zyklen der Natur lebten, gab es kaum Überschüsse und auch keine Notwendigkeit, solche anzuhäufen. Mit der landwirtschaftlichen Revolution vor rund 10 000 Jahren und dem Aufblühen der ersten Städte und Reiche vor etwa 5000 Jahren wurden Vorräte zu einer Notwendigkeit. Nur so ließ sich eine Zivilisation ernähren, die nicht länger aus kleinen Gruppen, sondern aus einer großen Masse von Menschen bestand. Bald verstand sich jedoch eine kleine Elite darauf, immer mehr für sich selbst abzuzweigen. Die Einführung von Geldgeschäften und Zinsen durch die Babylonier leistete dem Vorschub. Um 1500 hatte ein Jakob Fugger bereits mehr Macht als sämtliche Könige und Fürsten in Europa. Mit der industriellen Revolution wurde das Anhäufen von Vermögen durch Abzweigen von Mehrwert und dessen Reinvestition schließlich zum Grundprinzip des modernen Kapitalismus.

Heute können viele Menschen in Europa, Nordamerika, Australien, Teilen Südostasiens und einigen weiteren kleineren Regionen von sich behaupten, dass es ihnen materiell sehr gut geht und das wirtschaftliche und politische System sie begünstigt. Der Hälfte der Menschheit geht es indessen nicht besser oder sogar noch etwas schlechter als im Mittelalter. Viele kämpfen um ihr Überleben. Für die Wohlhabenden stellt sich die Überlebensfrage dagegen scheinbar nicht mehr. Bislang unvorstellbare Unwetterkatastrophen und globale Hungersnöte aufgrund unfruchtbar gewordener Böden sind zwar tickende Zeitbomben, die sich jedoch leicht ausblenden lassen, während die Gedanken um die Karriere, die Gründung einer Familie, den Traumurlaub, ein eigenes Haus oder ein größeres Auto kreisen.

**Hat der Konsummaterialismus uns Menschen zufriedener gemacht? Nein, denn wir alle haben uns von der Natur entfremdet.**

Doch hat der Konsummaterialismus uns überhaupt zufrieden gemacht? Haben wir, wenn auch vielleicht nur für einen

Wimpernschlag in der Geschichte, durch Geld und Konsum unser Glück gefunden? Nahezu sämtliche Studien von Wirtschaftswissenschaftlern und Psychologen kommen zu demselben Ergebnis: Die Gewinner des Industriezeitalters und der Globalisierung lässt ihr Reichtum nicht zufrieden und schon gar nicht glücklich sein. Immer mehr Anstrengung für immer mehr Konsum bedeutet im Gegenteil zunehmenden Stress und am Ende nichts als Frust. Über die tiefste Ursache des Dilemmas, dass wir mit unserer täglichen Arbeit ein System in Gang halten müssen, von dem am Ende am meisten die Superreichen profitieren, hört man in der Glücksforschung allerdings bisher nur wenig.

Dabei ist diese Ursache klar zu erkennen, wenn man die Evolution in den Blick nimmt: Wir haben uns im Lauf der letzten 10 000 Jahre von der Natur und ihren Rhythmen viel zu weit entfremdet. Statt uns als Lebewesen zu erkennen, die untrennbar Teil der Natur sind, glauben wir, die Natur lediglich benutzen zu können, um unser Verlangen nach materiellen Dingen auszuleben. Dies macht uns nicht nur immer unglücklicher, sondern ist letztlich auch zum Scheitern verurteilt, da die Natur stärker ist als wir. Noch ist es nicht zu spät, den Irrweg zu erkennen und eine neue Richtung einzuschlagen. Leider sind die wenigen Profiteure des heutigen Systems von ihrer »Droge«, der Anhäufung von Geld und Macht, nur schwer abzubringen.

## Die Agenda der heutigen Akteure

Im Frühjahr und Sommer 2012 arbeitete ich an meinem zweiten Buch. Es erschien im Jahr darauf, ebenso wie das vorliegende Buch, im Wiley-Verlag. Dabei handelte es sich um ein Managementbuch über die *Erfolgsprinzipien im Zeitalter des Miteinander*, so der Untertitel. Das »Zeitalter des Miteinander« war für mich damals weder ein Hirngespinst noch eine Übertreibung – und das ist es bis heute nicht. Ich war zu dem Schluss gekommen, dass die immer rasantere technologische und soziale Entwicklung in einem größeren Kontext stand, als es sich die meisten Führungskräfte der Wirtschaft vorstellen konnten. Technischer Fortschritt, globale Vernetzung und Wertewandel würden uns, so meine Überzeugung, sehr bald weg vom Konsummaterialismus und hin zu Entfaltung, Glück und Zufriedenheit für alle führen. Ich griff den Hype um das Jahr 2012 auf, das nach einer alten Prophezeiung der Maya den Beginn eines göttlichen Zeitalters markieren sollte, und wagte es, von einer Zeitenwende und echten Großchance für die weitere Entwicklung der Menschheit zu sprechen.

**Eigentlich könnten wir wissen, dass Empathie und Miteinander die evolutionären Prinzipien der Natur und Bausteine der Gesellschaft sind.**

Mit meiner Erwartung eines neuen Miteinanders stand ich nicht allein da. So hatte Jeremy Rifkin gerade in seinem umfangreichen Werk *Die empathische Zivilisation* gezeigt, dass Kooperation und nicht Konkurrenz das evolutionäre Prinzip der Natur ist. Er sagte eine Zukunft jenseits von autoritären Hierarchien und wirtschaftlicher Ungleichheit voraus, in der eine mitfühlende Menschheit ihr Schicksal gemeinsam in die Hand nimmt. Zeitgleich machte der Mikrobiologe Bruce Lipton in seinen Büchern neueste Erkenntnisse der Zellforschung und Epigenetik populär. Diese deuteten darauf hin, dass die Natur für uns Menschen eigentlich ein anderes Leben vorgesehen hat, als wir es zu Beginn des 21. Jahrhunderts lebten. Bruce Lipton beschrieb das menschliche Leben als »eine gemeinsame Reise starker, kooperierender Individuen, die sich eigenständig auf Freude und Erfüllung programmieren können«.

Inspiriert von Jeremy Rifkin und Bruce Lipton schrieb ich 2012 in meinem Buch *Das Management der Marktführer von morgen*:

> *Jede unserer Körperzellen hat ein Nervensystem, ein Verdauungssystem, ein Atemsystem, ein Muskelsystem, ein Fortpflanzungssystem, ein Immunsystem und so weiter. Trotzdem »wollen« diese 50 Billionen Zellen nicht alleine leben, sondern miteinander ein Mensch sein. Eine gute Entscheidung. Denn*

> *dadurch haben alle ein Dach über dem Kopf, genügend Nahrung und eine optimale Gesundheitsversorgung. […] Die »Wirtschaft« unseres Körpers funktioniert allerdings nicht ganz so wie unser globaler Kapitalismus: Es wird zum Beispiel kein Reichtum [Anm.: in Form von Energie speicherndem Adenosintriphosphat, kurz: ATP] angehäuft, bis nicht alle Zellen eine »Grundversorgung« erhalten haben. Keine Magenzelle kann sagen: Ich schaffe mir jetzt ATP zur Seite, weil ich näher an dem Essen bin, das hier ankommt.*

In Analogie zur verblüffenden »Intelligenz der Zellen« leitete ich die Grundprinzipien für ein Zeitalter des Miteinanders ab:

> *Das jetzt beginnende Zeitalter des Miteinanders ist nicht bloß eine Ideologie aus den Köpfen weniger Denker, so wie es einst Sozialismus oder Marktliberalismus waren. Sondern es wird vor allem die Folge davon sein, dass Menschen begonnen haben, sich auf ihre* ***wahre Natur*** *zu besinnen. Es wird ausbrechen und sich entfalten, sobald eine kritische Masse von Frauen und Männern erreicht ist, die ihr Denken und Handeln verändern. Wenn diese Menschen umdenken, dann streben sie gemeinsam nach »All-win«-Lösungen. Das bedeutet, sie wollen das Beste für ihr eigenes Lebensglück, für das Glück ihrer Mitmenschen sowie für das Wohlergehen des gesamten Planeten. Alle gewinnen, niemand verliert.*

Zu Beginn der 2010er-Jahre gab es bereits deutliche Anzeichen für den Beginn einer neuen Zeit. Viele Menschen änderten ihr Leben im Kleinen hin zu mehr Sinn, Langfristigkeit und Nachhaltigkeit. Die damals neuen Social Media zeigten ihnen, dass sie nicht allein waren, und ermöglichten es ihnen, sich mit Gleichgesinnten zu vernetzen. Immer mehr Biomärkte eröffneten und es gab die erste Vegan-Welle. Neue politische Gruppen und Organisationen entstanden, darunter die kapitalismuskritische Bewegung »Occupy Wall Street«. Zahllose Initiativen setzten sich bereits zum Ziel, den menschengemachten Klimawandel und seine

Warum erleben wir gerade so viel Stillstand? Weshalb kehrt auch noch der Krieg zu uns zurück? Was macht die Demokratie falsch?

Folgen stärker ins Bewusstsein zu rücken. Auch begannen Topmanager der Wirtschaft, sich für neue Managementprinzipien und eine gerechtere Wirtschaftsweise zu interessieren. Der DM-Drogeriemarkt-Gründer Götz Werner (1944–2022) wurde in Deutschland zu einem der Vordenker für mehr Miteinander, soziale Gleichheit und Respekt vor der Natur. Zahlreiche Führungskräfte der Wirtschaft kamen zu seinen Vorträgen.

Warum ist mehr als ein Jahrzehnt später trotzdem oft so wenig Fortschritt zu spüren? Weshalb werden die Superreichen nochmals reicher, während die Armen arm bleiben? Wie kann es sein, dass wissenschaftliche Erkenntnisse über die bedrohlichen Folgen des menschengemachten Klimawandels auf dem Tisch liegen und trotzdem die Ziele zur Reduktion des Ausstoßes von Treibhausgasen immer wieder verfehlt werden? Warum führen die Erkenntnisse über den Zusammenhang zwischen falscher Ernährung und zahllosen Krankheiten nicht endlich zu einer anderen Gesundheitspolitik? Wie ist es möglich, dass wir noch mehr Neubaugebiete ausweisen, Straßen bauen und überhaupt Flächen versiegeln, die Natur also weiter zurückdrängen, statt sie zu regenerieren? Und wie konnte es passieren, dass nun auch noch der Krieg nach Europa zurückkehrt?

Abgesehen vom Sonderfall des Jugoslawienkriegs, der in den 1990er-Jahren in einem zerfallenden Vielvölkerstaat aufflammte, wurde 2022 zum ersten Mal nach fast 80 Jahren Frieden in Europa wieder ein Angriffskrieg vom Zaun gebrochen. Wie die gesamte EU geriet dadurch auch Deutschland ins Fadenkreuz des russischen Aggressors. »Wir sind zwar nicht im Krieg, aber wir sind auch schon lange nicht mehr im Frieden. Wir sind in einer Phase dazwischen«, sagte Generalleutnant André Bodemann, Befehlshaber des Territorialen Führungskommandos der Bundeswehr, im Oktober 2023. Jeden Tag würden wir heute bereits bedroht und auch angegriffen, so der General. Fake News würden online verbreitet, Cyberattacken gegen Regierungseinrichtungen und Energieunternehmen gefahren, auch Sabotageakte verübt. Attackiert wird hier letztlich auch unsere Demokratie. Eine solche Situation hat es während meiner Lebenszeit noch nie gegeben.

In einer Gemengelage aus Stillstand und Bedrohung haben die heutigen Akteure ein System aufgebaut, das die Demokratie unterwandert.

Wir erleben gerade eine Gemengelage aus starken Beharrungskräften der bisherigen politischen Weltordnung einerseits und neuen Bedrohungen andererseits. Weil unsere Demokratie nicht mehr lebendig ist und sich unzureichend weiterentwickelt, ist sie verwundbarer denn je. Es ist das Ziel der heutigen Akteure unserer Gesellschaft, den Status quo so lange wie möglich zu erhalten. Erstens profitieren sie nach wie vor stark davon, zweitens haben sie keinen Plan B, der ihnen in Zukunft noch ein vergleichbares Maß an monetärem Gewinn und gesellschaftlichem Einfluss gewähren würde. Diese heutigen Akteure haben schleichend ein System aufgebaut, dass die Demokratie unterwandert. Selbst wenn sich die Mehrheit der Menschen einen Aufbruch in ein gerechteres Zeitalter mit mehr Miteinander und Respekt vor der Natur wünschen würde, täte sich unsere repräsentative Demokratie in ihrer jetzigen Verfassung mit der Umsetzung sehr schwer. Wie komme ich zu dieser Einschätzung?

## Eine ausgehöhlte Demokratie als moralisches Feigenblatt

Zahlreiche anerkannte Wissenschaftler machen sich große Sorgen um den Zustand unserer Demokratie. Harald Trabold, Professor für Volkswirtschaftslehre an der Hochschule Osnabrück, ist einer davon. Bereits vor einigen Jahren veröffentlichte er ein Buch mit dem provokativen Titel *Kapital Macht Politik: Die Zerstörung unserer Demokratie*. Professor Trabolds Kernthese lautet, die großen Profiteure des heutigen Kapitalismus nutzten ihren Reichtum gezielt dazu, die westlichen Demokratien in demokratisch legitimierte Plutokratien zu verwandeln. Laut Harald Trabold hätten die Plutokraten erkannt, dass eine Demokratie als leere Hülle ihren Interessen mehr nützt als ein offen autokratisches System. Denn auch eine ausgehöhlte Demokratie sei weiter durch Wahlen moralisch legitimiert. Die Macht gehe in der Demokratie längst nicht mehr vom Volk aus, sondern die Volksvertreter würden durch systematischen Lobbyismus gesteuert. Gleichzeitig werde die Öffentlichkeit durch gezielte PR und Einflussnahme auf die Leitmedien manipuliert.

Harald Trabold nimmt in seinem Buch ausdrücklich Bezug auf die soziologische These der Machtausübung durch sogenannte Konditionierung. Anders als in früheren »Disziplinar- und Kontrollgesellschaften« wird bei uns heute Macht kaum noch durch Androhung von Gewalt ausgeübt, sondern stattdessen durch subtile Beeinflussung. Im Ergebnis glauben wir, dass das, was den Mächtigen nützt, auch für uns selbst gut ist. Wir haben keine Angst mehr vor den Herrschenden, so wie frühere Generationen, sondern haben ihre Werte verinnerlicht. Der dahinterstehende Prozess tritt jedoch nicht offen zutage, sondern wird verschleiert und ist den allermeisten Bürgerinnen und Bürgern in den westlichen Demokratien nicht bewusst.

Friedrich von Borries, Professor in Hamburg mit den Forschungsgebieten Gesellschaft und Gestaltung, Nachhaltigkeit sowie Möglichkeiten gesellschaftlicher Transformation, schreibt dazu in seinem im Suhrkamp-Verlag erschienenen Buch *Weltentwerfen*:

> *Im totalen Kapitalismus strebt die Macht nicht mehr unbedingt nach Sichtbarkeit und Verdinglichung, vielmehr versteckt sie sich häufig. […] Nicht mehr die Repräsentation von Macht steht im Vordergrund, sondern deren Verdeckung. Die Macht der Gegenwart ist ein feines Netz, das die Gesellschaft infiltriert, das sich überall findet, und trotzdem oft ungesehen bleiben will. In der Disziplinar- und in der Kontrollgesellschaft ist die Polizei mächtig, weil sie das Gewaltmonopol hat. In der Suggestionsgesellschaft sind Konzerne wie Google und Facebook mächtig, weil sie die Informationen über unser Denken, Fühlen und Handeln haben. Die Macht, die auf uns einwirkt, ist unsichtbar,*

*wir unterwerfen uns ihr mehr oder weniger freiwillig. Sie tarnt sich als Angebot, als Möglichkeit, als Freiraum. Sie ist die Infrastruktur, die unser heutiges Leben durchdringt.*

**Alles dreht sich um Finanzkapital und dessen Vermehrung. Lösungen für die Herausforderungen der Zeit sind da, werden aber nicht umgesetzt.**

Das Ergebnis heutiger Machtstrukturen in den westlichen Gesellschaften ist vor allem ein Mangel an Teilhabe, wie sie für eine Demokratie doch eigentlich wesentlich sein sollte. Dies analysieren der Wirtschaftswissenschaftler Bruno Frey und der Historiker Oliver Zimmer in ihrem 2023 erschienenen Buch *Mehr Demokratie wagen: Für eine Teilhabe aller*. Der Schweizer Bruno Frey gilt als einer der Pioniere der wirtschaftswissenschaftlichen Glücksforschung und zählt laut einem Ranking zu den 20 meistzitierten europäischen Ökonomen. Bruno Frey und Oliver Zimmer sehen die europäischen Demokratien am Ende, weil sie den einzelnen Bürgerinnen und Bürgern keinerlei echte Teilhabe gewähren. Stattdessen seien sie »moderne Aristokratien« geworden, in denen alle bis auf eine kleine Elite von der politischen Entscheidungsfindung ausgeschlossen seien. Auch spiele das soziale und kulturelle Kapital einer Gesellschaft kaum eine Rolle, alles drehe sich um Finanzkapital und dessen Vermehrung. Dabei lägen mögliche Lösungen und konkrete Konzepte für die drängenden sozialen, ökonomischen und ökologischen Herausforderungen unserer Zeit längst auf dem Tisch, schreiben die Autoren. Sie würden nicht umgesetzt, weil die »modernen Aristokraten« daran kein Interesse hätten. Mir ist vollkommen unverständlich, warum Superreiche und andere Privilegierte meinen, die weitere gesellschaftliche Entwicklung könnte ihnen gleichgültig sein. Sie sollten ein ureigenes Interesse an einer lebendigen Demokratie, einer intakten Natur sowie Nahrung und Gesundheit für alle haben, denn das sind langfristig die Garanten des Weltfriedens. Sobald erst einmal Chaos, Anarchie und Gewalt ausbrechen, werden alle zu Verlierern, auch die Plutokraten. Selbst auf einer Privatinsel in der Südsee ist niemand mehr sicher, wenn der menschengemachte Klimawandel den Meeresspiegel so weit ansteigen lässt, dass die Insel überflutet wird.

## Mehr Teilhabe einfordern und dafür die Strukturen schaffen

Mit meiner Einschätzung des bedenklichen Zustands unserer Demokratie beziehe ich mich nicht allein auf die Literatur, sondern auch auf meine persönliche Erfahrung. Als Geschäftsführer eines mittelständischen Weltmarkführers kam ich immer wieder auch mit politischen Entscheidungsprozessen und den entsprechenden Akteuren in Berührung. Gewünscht hätte ich mir hier eine offene Kommunikation zwischen den Unternehmen und der Politik, ein gemeinsames Nachdenken über die besten Lösungen und das ehrliche Bestreben, die Rahmenbedingungen für den technischen und sozialen Fortschritt zu verbessern. Erlebt habe ich davon so gut wie nichts. Zur Illustration soll hier eine kleine Begebenheit genügen. Einmal kündigte sich der Ministerpräsident des Bundeslandes, in dem unser Unternehmen seinen Hauptsitz hatte, im Rahmen seiner Sommerreise zu einem Besuch an. Es hieß, er würde uns gerne zuhören und wir könnten ihm auch Fragen stellen, müssten diese jedoch vorher schriftlich einreichen. Begeistert über diese Chance zum Dialog setzte ich mich mit meinem Managementteam und einigen weiteren Mitarbeitern zusammen und leitete ein Brainstorming zu den drängendsten Problemen, über die wir gerne mit der Politik sprechen wollten. Es war ein sehr lebendiges Meeting und wir hatten am Ende einige Fragen gut auf den Punkt gebracht. Nachdem ich die Liste in die Landeshauptstadt gemailt hatte, bekam ich einen Anruf aus der Staatskanzlei. »Wenn Sie dem Ministerpräsidenten diese Fragen stellen wollen«, gab man mir zu verstehen, »wird er Ihr Unternehmen nicht besuchen, sondern ein anderes.« Erfahrungen wie diese haben bei mir zur Erkenntnis geführt, dass es Politik bei uns eigentlich zweimal gibt: Es gibt die Politik auf der Vorderbühne und die Politik auf der Hinterbühne. Das Management und die Beschäftigten unseres Unternehmens waren bei besagter Sommerreise des Ministerpräsidenten bloß als Statisten für die Vorderbühne vorgesehen. In der Zeitung sollte anschließend jedoch stehen, der Ministerpräsident habe ein offenes Ohr für die Probleme des Mittelstands und arbeite bereits intensiv an Lösungen.

**Wir brauchen ein Upgrade unserer bewährten Demokratie, das digitale Möglichkeiten und neueste partizipative Wege einschließt.**

An dieser Stelle möchte ich keinesfalls falsch verstanden werden: Ich bin äußerst dankbar für die Demokratie der Bundesrepublik Deutschland, in der ich aufwachsen durfte, und besonders für unser Grundgesetz. Wäre ich 300 Jahre früher geboren, dann wäre ich jetzt Leibeigener eines Fürsten und hätte nie die Chance bekommen, mich so zu entwickeln, wie ich es konnte. Wenn die Rechten jetzt mit autoritären Systemen wie dem in Russland liebäugeln und deren Politik verharmlosen, ist es wichtig, die Grundwerte unserer Demokratie zu verteidigen. Allerdings braucht die Demokratie dringend ein Upgrade. Das Grundgesetz wurde beschlossen, ohne die digitalen Möglichkeiten von heute und ohne die neuesten Wege einer partizipativen Demokratie zu kennen, wie sie zum Beispiel Karl-Martin Hentschel in seinem Buch *Demokratie für morgen* beschreibt. Für unsere Demokratie in ihrem jetzigen Zustand ist ein Morgen für mich nur noch schwer vorstellbar. Sie ist dem Volk, von dem eigentlich alle Macht ausgehen soll, mehr und mehr entglitten und in die Hände einer winzigen Elite geraten, die nun den dringend notwendigen Wandel blockiert. Die Teilhabe, die Bruno Frey und Oliver Zimmer einfordern, und die »Roadmap«, die Karl-Martin Hentschel entwirft, sind für mich nichts anderes als eine Form des Miteinanders. Das Miteinander ist der erste Schritt in eine bessere Zukunft.

Nur gemeinsam werden wir die nötigen Maßnahmen beschließen und umsetzen können, um weltweit die Böden und die Natur zu regenerieren, gesunde Lebensmittel für alle zu produzieren, Gerechtigkeit herzustellen und endlich miteinander in Frieden zu leben. Die heutigen Eliten, denen es allein um die Mehrung von Finanzkapital und den Erhalt ihres Einflusses geht, werden dazu – von rühmlichen Ausnahmen abgesehen – weder willens noch in der Lage sein. Ich rufe hiermit weder zum Protest auf noch verurteile ich die neuen Protestbewegungen, denen sich vor allem Teile der ganz jungen Generation anschließen. Entscheidend wird sein, dass viel mehr Menschen als heute politische Teilhabe einfordern und dafür auch die nötigen Strukturen geschaffen werden. Erstmals in der Geschichte sind wir mit der realen Möglichkeit konfrontiert, als Spezies Mensch auszusterben. Wenn wir dieses Schicksal abwenden wollen, sind wir alle gefragt und dürfen die Lösung nicht allein von Politikern erwarten, die wir alle vier oder fünf Jahre wählen. Es geht am Ende sogar um mehr als Beteiligung, nämlich um neue Werte und eine andere Haltung. Der Schlüssel für ein friedliches Zeitalter des Miteinanders ist unser Verhältnis zum Boden, zu den Gewässern, zur Luft, zu den Tieren und den Pflanzen oder kurz: zur Natur.

## Der Frieden liegt am Boden

Deutschland hat laut Statistischem Bundesamt eine Fläche von insgesamt 35,8 Millionen Hektar. Völkerrechtlich entspricht diese Fläche dem Staatsgebiet. Nach der sogenannten Drei-Elemente-Lehre des deutschen Staatsrechtlers Georg Jellinek (1851–1911) ist das Staatsgebiet eines der drei konstituierenden Elemente, die es erlauben, von einem Staat zu sprechen. Die anderen beiden Elemente sind Staatsvolk und Staatsgewalt. Im deutschen Staat ist jeder einzelne Quadratmeter genau vermessen. Die Gesamtfläche Deutschlands ist in Millionen einzelner Grundstücke aufgeteilt. Jedes Grundstück hat ein eigenes Blatt in den Grundbuchämtern der Amtsgerichte, auf dem unter anderem der Eigentümer vermerkt ist. Eigentum ist die zivilrechtliche Dimension des Bodens, die von der staatsrechtlichen zu trennen ist. In- und ausländische Privatleute können Grundstücke untereinander handeln, jedoch nicht das Staatsgebiet oder Teile davon an einen anderen Staat veräußern.

**Die meisten Menschen haben ein nüchternes Verhältnis zum Boden. Die Erde scheint weder Ehrfurcht noch tiefen Respekt zu verdienen.**

So nüchtern, wie diese Fakten sich lesen, so nüchtern ist auch das Verhältnis, das die meisten Menschen in unserer Gesellschaft zum Boden haben. Dass jedes Stück Erde zu einem bestimmten Staat gehört und einen oder mehrere Eigentümer hat, haben wir bereits im Rahmen unserer Schulbildung verinnerlicht. Normalerweise denken wir nie mehr darüber nach. Kaum jemand macht sich im Alltag bewusst, dass es sich bei alledem um Konstrukte handelt, die das Ergebnis der Geschichte sind. Wir erleben die Erde heute als eine *Sache*, über die staatliche Akteure die Gewalt haben und die privatwirtschaftlichen Akteuren als Wirtschaftsgut dient. Eigentum berechtigt den oder die Eigentümer nach der Definition des bürgerlichen Rechts, mit einer Sache »nach Belieben zu verfahren und andere von jeder Einwirkung auszuschließen«. Natürlich gibt es hier noch rechtliche Einschränkungen. Doch vom Grundsatz her ist die Erde in unserem Rechtssystem nichts Lebendiges und erst recht nichts, wovor man Ehrfurcht oder zumindest tiefen Respekt haben müsste. Bis zu einer vom Deutschen Bundestag beschlossenen Änderung des Bürgerlichen Gesetzbuchs im Jahr 1990 galten übrigens auch Tiere als Sachen. Heute noch werden zahlreiche Vorschriften des Sachenrechts auf Tiere angewandt.

Vor 15 000 Jahren wäre es keinem Menschen auf dieser Erde zu erklären gewesen, was damit gemeint sein soll, dass ein bestimmtes Stück des Bodens oder auch ein Tier einem Individuum »gehören« soll. Erst recht gab es damals noch keine Staaten, somit auch keine Staatsgrenzen, keine politischen Gebietsansprüche und keine organisierten Kriege um ausgedehnte Territorien. Und es ist noch keine 200 Jahre her, da verstanden nordamerikanische Ureinwohner häufig nicht, was die weißen Siedler mit ihrem Vorschlag meinten, ihnen das Land und damit ihren Lebensraum »abzukaufen«. Die Native Americans dachten: Das Land gehört doch nicht uns, sondern wir gehören zum Land! Achselzuckend unterschrieben sie von den Siedlern vorbereitete Verträge und besiegelten damit ihr Schicksal, von nun an ihr Dasein in für sie eingerichteten Reservaten zu fristen.

## Als die Natur zur Ressource im Produktionsprozess wurde

Spätestens im 18. Jahrhundert, nach dem Ende des Feudalismus und der Leibeigenschaft in Europa, entstand jene moderne Auffassung von Privateigentum, die für den aufkommenden Kapitalismus wie geschaffen erschien. In einer der einflussreichsten politischen Schriften der europäischen Aufklärung, John Lockes *Zwei Abhandlungen über die Regierung* aus dem Jahr 1690, erscheint Privateigentum als »unveräußerliches natürliches Recht« eines jeden Menschen. Doch eine weitere Aussage in dieser Schrift hält Jeremy Rifkin in seinem jüngsten Buch *Das Zeitalter der Resilienz* für noch viel »irritierender«: John Locke bezeichnet die Natur als so lange »nutzlos« und eine »Verschwendung«, wie der Mensch sie nicht in wertvolles Privateigentum umwandele. Ohne die menschliche Arbeit, so schreibt Locke zeitgleich mit dem Beginn der industriellen Revolution in England, sei der Boden »so gut wie nichts wert«. Damit ist eine Haltung beschrieben, die während der folgenden 300 Jahre von England aus die Welt erobern wird: Die gesamte Natur ist von nun an eine Ressource, die dem ökonomischen Produktionsprozess lediglich als Rohstoff dient. Da die Natur als solche keinen Wert besitzt, gibt es auch überhaupt keinen Grund, sie in ihrer wilden Form zu schützen oder zu bewahren.

Diese neue Einstellung zur Natur lässt sich kaum trennen von dem neuen Menschenbild zu Beginn der industriellen Revolution. Wenn ich weiter oben von einem aufkommenden Zeitalter des Miteinanders geschrieben habe, so war die mit der Industrialisierung beginnende Epoche das genaue Gegenteil. Erstmals in ihrer evolutionären Geschichte über hunderttausende und Millionen von Jahren wollten die Menschen sich damals als »autonome« Individuen begreifen, losgelöst von der Natur und ohne Verpflichtung zur Mitmenschlichkeit. Wenn jeder an sich denkt, ist an alle gedacht, lautete das neue Credo. Konkurrenz und Wettbewerb würden bald als der Motor des Fortschritts gelten. Dass die Schere zwischen Arm und Reich damit auseinandergeht, wurde zwar erkannt, aber nicht als Problem angesehen. Am Ende, so die Annahme mancher Ökonomen bis heute, werde genügend Reichtum von oben nach unten »durchsickern«. Obwohl in der Natur eigentlich alles in einem großen Netzwerk miteinander zusammenhängt und sich in Zyklen evolutionär entwickelt, begannen Menschen vor 300 Jahren, die Erde nach den neuen Prinzipien der Nützlichkeit und Effizienz umzugestalten. Dass sie dabei äußerst kurzfristig dachten, ist eigentlich kein Wunder, schließlich hat das menschliche Individuum, dessen Wünsche und Bedürfnisse von nun an das Maß aller Dinge waren, eine Lebensspanne von gerade einmal rund 80 Jahren.

**Vor hundert Jahren waren noch 85 Prozent der Erde Wildnis, heute sind es 23 Prozent. Die intakten Ökosysteme fehlen uns jetzt.**

Die Folgen eines Weltbildes, in dem die Natur als eine Ressource zum Erreichen kurzfristiger materieller Ziele gilt, sind heute dramatisch. Waren vor hundert Jahren etwa 85 Prozent der Landmasse der Erde noch Wildnis, sind es heute nur noch 23 Prozent. Wirtschaften wir so weiter wie bisher, dann werden innerhalb der nächsten Jahrzehnte die letzten Wildnisse verschwunden sein. Damit gingen dort 3,5 Milliarden Jahre Erdgeschichte zu Ende. Gleichzeitig würden aufgrund des Treibhauseffekts und des Zusammenbruchs lokaler Ökosysteme immer größere Regionen des Planeten für den Menschen unbewohnbar. Nach einer in der *New York Times* veröffentlichten Studie könnten im Jahr 2070 bereits 19 Prozent der Landmasse der Erde so aufgeheizt sein, dass dort kaum noch Leben möglich wäre. Nochmals zur Erinnerung: Wenn wir nicht umsteuern, wird es in 50 bis 60 Jahren auf der Erde kaum noch gesunde Böden geben. Gleichzeitig ist ein Artensterben wahrscheinlich, wie es das seit Millionen von Jahren nicht mehr gegeben hat.

Wir müssen nicht einmal in die Zukunft blicken, um die Folgen einer Ideologie zu erkennen, bei der wir Menschen die Natur zu einer Ressource erklären, deren einziger Nutzen in ihrer ökonomischen Verwertbarkeit besteht. Seit wir in Ressourcen denken, führen Machthaber Kriege um die Länder und Regionen, die reich an solchen sind. Friedrich der Große überfiel in einem Angriffskrieg à la Putin das zu Österreich gehörende Schlesien, weil die dortigen Kohlevorkommen für die Industrialisierung in Preußen gebraucht wurden. Im Zweiten wie im Dritten Golfkrieg ging es auf der Vorderbühne um Demokratie, auf der Hinterbühne um Energie. Jeremy

Krieg zur Befriedigung des Narzissmus von Despoten darf nicht unsere neue Normalität werden. Für Narzissten ist das Leben nichts wert.

Rifkin deutet in seinem jüngsten Buch an, dass Historiker heute selbst die Frage nach den Ursachen zweier Weltkriege anders bewerten als noch vor wenigen Jahrzehnten: Sie berücksichtigen stärker den Kampf der europäischen Mächte um Energie und Ressourcen.

Damit ist nicht gesagt, dass Ressourcen der einzige Grund für Kriege und bewaffnete Konflikte sind. Gewalt kann sich an vielem entzünden, doch nichts davon entspricht der gesunden Natur des Menschen. Wir versuchen häufig, das Verhalten und die Motive von Despoten wie Putin rational zu begreifen. Doch das trifft den Kern nicht. Aufschlussreicher ist es da, Psychologen zu fragen: »Narzisstisch gestörte Menschen streben nach Macht, weil sie damit ihr mangelhaftes Selbstwertgefühl kompensieren wollen«, schreibt der Diplom-Psychologe und Psychoanalytiker Prof. Dr. Hans-Jürgen Wirth in einem Beitrag für die Zeitschrift *Aus Politik und Zeitgeschichte* der Bundeszentrale für politische Bildung. Umgekehrt nähre die Möglichkeit, Macht auszuüben, Größen- und Allmachtsfantasien. Macht wirkt laut dem Psychologen wie eine Droge: »Die Selbstzweifel verfliegen, das Selbstbewusstsein steigt.« Gingen Narzissmus, Macht und Aggression eine enge Verbindung ein, komme es zu entsprechend destruktivem Verhalten. Narzissten, so ließe sich ergänzen, empfinden keinerlei Wertschätzung für das Leben, die Gesetze der Natur und gesunde zwischenmenschliche Beziehungen. Sie streben nach Selbsterhöhung, indem sie zerstören. Deshalb dürfen wir Narzissten nicht die Zukunft unserer Kinder und Enkel anvertrauen.

## Der menschliche Körper als Prozess und offenes Ökosystem

In den kommenden Jahrzehnten wird die Menschheit einsehen müssen, dass sie ein untrennbarer Teil der Natur und ihrer ökologischen Systeme ist. Wenn Menschen durch den heutigen zerstörerischen Umgang mit den Schätzen der Erde fast schon einen

Krieg gegen die Natur führen, bekämpfen sie letztlich auch sich selbst, ohne es zu bemerken. Mit jedem Stück Naturzerstörung kommen wir unserer eigenen Auslöschung näher. Das ist keine politische Rhetorik, sondern eine wissenschaftlich belegbare Tatsache. Während der letzten Jahrzehnte konnte die Forschung nachweisen, dass wir Menschen viel stärker in die Natur eingebunden sind, als dies John Locke und anderen Philosophen des Individualismus und Liberalismus bewusst war. Was unsere biologische Einheit mit der Natur angeht, steht die Wissenschaft in vielen Bereichen sogar erst am Anfang.

An mehreren Stellen dieses Buchs habe ich bereits darauf hingewiesen, dass sich in unserem Verdauungstrakt dieselben Mikroorganismen finden wie im Mutterboden. Welchen besseren Beweis für unsere untrennbare Verbindung zur Natur könnte es geben? Weil Menschen meinen, ihre Ernährung nicht mehr auf diese Gegebenheit abstimmen zu müssen, entstehen immer mehr chronische Krankheiten. Wir sehen uns seit 300 Jahren als von unserer natürlichen Umwelt getrennte Individuen, während wir in Wirklichkeit auf eine komplexe Art und Weise physiologisch in sie eingebettet sind. Jeremy Rifkin geht sogar noch einen Schritt weiter und bezeichnet jeden einzelnen Menschen als ein eigenes Ökosystem.

**Wir besitzen so viele Bakterien wie Körperzellen. Gemeinsam mit den Viren gehören sie zu den Mitbewohnern im »Ökosystem Mensch«.**

Das beginnt mit dem Element Wasser. Die Erde ist ein Wasserplanet und auch wir Menschen bestehen hauptsächlich aus Wasser: Beim Herzen sind es etwa 73 Prozent, bei der Lunge 83 Prozent, bei den Knochen 31 Prozent und insgesamt rund 60 Prozent. Doch nicht nur aufgrund seines hohen Wassergehalts ist unser Körper ständig »im Fluss«, sondern auch, weil sich unsere Zellen zeitlebens immer wieder erneuern. Das Durchschnittsalter der Körperzelle eines Erwachsenen wird nach neueren Forschungsergebnissen auf lediglich sieben bis zehn Jahre geschätzt. Rote Blutkörperchen haben sogar nur eine Lebensdauer von etwa vier Monaten, bis sie ausgetauscht werden. Dabei sind unsere eigenen Zellen im Körper nicht allein. Wir haben nämlich nicht nur ein paar Bakterien in unserem Verdauungstakt, sondern in unserem gesamten Organismus befinden sich ungefähr so viele Bakterien wie Körperzellen. Würde man sämtliche winzigen Bakterien im Körper eines Erwachsenen wiegen, käme man auf etwa 200 Gramm. Dass Bakterien in unserem Körper allgegenwärtig sind, ist eigentlich kein Wunder, denn an der Biomasse der Erde haben Bakterien mit 70 Gigatonnen den zweitgrößten Anteil.

Auch Viren gehören zu den Mitbewohnern im »Ökosystem Mensch« – und das beileibe nicht nur, wenn wir erkältet sind. In einem erwachsenen Körper befinden sich rund zehnmal so viele Viren wie Bakterien, also hunderte Billionen. Sie bilden ein so komplexes und vielfältiges, gleichzeitig noch kaum bekanntes eigenes Ökosystem innerhalb unseres menschlichen Ökosystems, dass Forscher heute vom menschlichen »Virom« sprechen. Krank machen uns Viren nur dann, wenn einzelne davon außer Kontrolle geraten. In über 99,99 Prozent der Fälle unterstützen und regulieren sie unsere Gesundheit, und zwar unter anderem dadurch, dass sie schädliche Bakterien töten. Insgesamt besteht unser Körper zu lediglich 43 Prozent aus humanen Zellen. Ohne unsere 57 Prozent »Freunde« aus der übrigen Natur in Form von Bakterien und Viren, aber auch Pilzen, Protisten oder Archaeen, könnten wir keine Woche überleben. Der Mikrobiologe Sarkis Mazmanian sagt: »Wir haben nicht nur ein einziges Genom, denn was uns zu Menschen macht, ist unsere DNA plus die DNA der Mikroorganismen in unserem Körper.«

Das alles beschreibt bis jetzt nur, was innerhalb unseres Körpers vorgeht. Wie jedes andere Lebewesen auf dieser Erde – vom Einzeller bis zum Säugetier – sind auch wir Menschen von einer halbdurchlässigen Membran umgeben. Die Haut markiert einerseits unsere Körpergrenze und ermöglicht andererseits den permanenten biochemischen und elektromagnetischen Austausch mit unserer Umwelt. Nur weil sämtliche Lebewesen auf der Erde offene Systeme sind, ist ein so vielfältiges Leben, wie es sich über Millionen Jahre der Evolution entwickelt hat, überhaupt möglich.

**Nur im Miteinander und in der Verbundenheit mit allem Lebendigen im Universum leben Menschen ihrer wahren Natur gemäß.**

Neueste naturwissenschaftliche Theorien beschreiben den Menschen als einen Prozess oder auch ein Feld in ständiger Interaktion mit all den anderen Prozessen, elektromagnetischen Feldern und Energien in seiner Umgebung. Gibt es das Individuum überhaupt losgelöst von seiner Umwelt? Das ist schwer zu sagen. Fest steht indessen dies: Wir sind auf so vielen Ebenen so intensiv mit unserer Umwelt und unseren Mitlebewesen verwoben, dass ein Lebensstil, der auf der Illusion der Trennung des Menschen von der Natur basiert, uns niemals glücklich sein lassen kann. Nur im Miteinander und in der Verbundenheit mit allem Lebendigen im Universum leben wir Menschen unserer wahren Natur gemäß.

## Zufriedenheit für alle

In diesem Jahr bin ich mit einem Teil meiner Familie beim Konzert von AC/DC in Hannover. Es ist genial, dass es diese Hardrock-Band nach 50 Jahren immer noch gibt. Leadgitarrist Angus Young, mittlerweile um die 70, und seine Mitstreiter machen wahrscheinlich auch deshalb weiter, weil sie ihr Publikum nach wie vor total begeistern. Für mich sind solche Rockkonzerte ein geiles Erlebnis, wenn ich das mal so ausdrücken darf. Die Geschmäcker sind bei Musik natürlich verschieden und auch die Generation spielt eine Rolle. Heute wollen die ganz Jungen vielleicht lieber Taylor Swift erleben als eine Rockband, während Coldplay in Livekonzerten auch schon mal die Generationen vereint. Einige machen sich auch nichts aus Rock und Pop und besuchen lieber klassische Konzerte oder Jazz-Sessions. So oder so haben wir heute die große Auswahl, nicht nur bei Livemusik, sondern auch und sogar erst recht bei dem, was wir an Musik über das Internet streamen. Das Gleiche gilt für Bücher und Filme, das Theater und sogar die bildende Kunst: Im Jahr 2021 gab es in den Museen in Deutschland rund 4700 Ausstellungen, der Großteil davon Kunstausstellungen. Nicht nur in Deutschland, sondern fast überall auf der Welt ist

**Wie viel Freude, Verbundenheit und Erfüllung schenkt uns unser Leben heute insgesamt? Sind wie zufriedener als unsere Vorfahren?**

das Kulturangebot riesig. Durch das Internet ist in den letzten Jahren zudem das »Machen« von Kultur stärker demokratisiert worden und es entscheiden immer seltener sogenannte Gatekeeper darüber, was wir zu hören und zu sehen bekommen. Kultur ist für viele Menschen eine Form der Erfüllung, ganz unabhängig davon, ob sie selbst an der Produktion mitwirken oder »nur« konsumieren.

Vor 30 000 Jahren wäre das Spektrum an Kultur, das wir heute genießen dürfen, überhaupt nicht vorstellbar gewesen. Die Evolution des Menschen hat hier etwas hervorgebracht, das uns Freude, Verbundenheit, Sinn und oft sogar Glück erleben lässt. Für den Sport gilt das ganz ähnlich. Ein besonderes Highlight sind hier sicher alle vier Jahre die Olympischen Spiele. Doch wie viel Freude, Verbundenheit und Erfüllung schenkt uns das Leben heute insgesamt? Kultur und Sport machen schließlich nur einen kleinen Teil unseres Alltags aus – und das leider immer häufiger auch nur für diejenigen, die es sich finanziell leisten können, dabei zu sein. Ist die Menschheit insgesamt zufriedener als vor 30 000 Jahren? Ich meine hier nicht allein die relativ Privilegierten. Ich meine alle Menschen.

Yuval Harari stellt in seinem Buch *Eine kurze Geschichte der Menschheit* einen aufschlussreichen Vergleich zwischen den urzeitlichen Jägern und Sammlern und heutigen Beschäftigten in der Industrie an:

> *Eine chinesische Fabrikarbeiterin geht morgens um sieben Uhr aus dem Haus, hastet durch die schmutzigen Straßen in einen öden Sweatshop, setzt sich an eine Maschine, verrichtet dort zehn Stunden lang den immer gleichen Handgriff, kommt abends gegen sieben Uhr nach Hause und muss noch Geschirr spülen und die Wäsche waschen – tagein, tagaus, jeden Tag dasselbe. Vor 30 000 Jahren hätte eine chinesische Wildbeuterin gegen acht Uhr morgens mit ihren Begleitern das Lager verlassen. Die Gruppe streifte durch die nahe gelegenen Wälder, sammelte*

*Pilze, grub essbare Wurzeln aus … Am frühen Nachmittag waren sie wieder zurück im Lager, bereiteten eine Mahlzeit zu, unterhielten sich, spielten mit den Kindern und ruhten sich aus.*

Und was gibt beziehungsweise gab es zu essen? Hier rundet sich das Bild: Während bei der chinesischen Fabrikarbeiterin viel weißer Reis aus dem Supermarkt und Fleisch aus der Dose auf den Tisch kommt, war die Ernährung der Wildbeuterin vor 30 000 Jahren laut Yuval Harari »ideal«. In Jahrmillionen hatten sich die Körper der Menschen auf genau das eingestellt, was die Wälder lieferten. Fossilienfunde zeigen, dass die Wildbeuter viel seltener unter Hunger und Mangelernährung litten, größer gewachsen und gesünder waren sowie eine höhere Lebenserwartung hatten als ihre sesshaften Nachfahren, die ersten Bauern. Ob sie auch zufrieden waren, können wir sie nicht mehr fragen. Aber sie hätten allen Grund dazu gehabt.

## Konkrete Pläne für eine geheilte Natur und eine gerechte Welt

**Es werden viele Köpfe und Hände gebraucht werden, um die Natur auf der Erde zu regenerieren. Solche Jobs können sinnvoll und befriedigend sein.**

Wir sind als Menschheit jetzt gefordert, wieder gesünder und mehr in Harmonie mit den Rhythmen der Natur zu leben. Dafür müssen wir nicht sämtliche unserer kulturellen Errungenschaften opfern. Die Arbeit der chinesischen Fabrikarbeiterin können bald von Künstlicher Intelligenz gesteuerte Maschinen übernehmen. Verschiedenen übereinstimmenden Studien zufolge könnten durch Digitalisierung, Automatisierung und Robotisierung viele Millionen Jobs in den alten Industrien, aber auch im Dienstleistungssektor wegfallen. Wird uns das ein gigantisches Heer von Arbeitslosen bescheren, die mit einem staatlichen Grundeinkommen einigermaßen ruhiggestellt zu Hause sitzen, Computerspiele spielen und billige synthetische Drogen nehmen, wie es einige Experten orakeln? Schon die Römer sprachen von »Brot und Spielen« und Karl Marx vom »Opium fürs Volk«. Jeremy Rifkin hat eine andere Vision: Nach seiner Einschätzung werden in den nächsten Jahren und Jahrzehnten immer mehr Köpfe und Hände gebraucht werden, um die Natur auf unserem Planeten zu regenerieren. Die Verletzungen zu heilen, die wir der Erde über die letzten 250 Jahre zugefügt haben, ist eine Jahrhundertaufgabe, die überhaupt nur dann gelingen kann, wenn wir unsere Kriege und ideologischen Auseinandersetzungen beenden und als Menschheit zusammenarbeiten.

Landwirtschaft und Industrie sowie viele Dienstleistungen der Zukunft könnten sehr stark automatisiert ablaufen, doch um unsere gesamte menschliche Zivilisation nachhaltig umzugestalten und mehr in Einklang mit den Gesetzmäßigkeiten der Natur zu bringen, braucht es die Ideen und das Handeln großer Teile der erwachsenen Menschheit. Staaten und Großkonzerne könnten dabei stark an Bedeutung verlieren, während es gleichzeitig immer wichtiger würde, lokal zu handeln, um Ökosysteme vor der eigenen Haustür zuerst zu regenerieren und dann in kleinen, selbstverwalteten Gemeinschaften zu bewirtschaften. Die vielen neuen Jobs, die mit der Regeneration der Natur und dem Wiederherstellen eines gesunden Klimas zu tun haben, werden zutiefst sinnvoll und befriedigend sein. Eine Voraussetzung dafür ist allerdings, dass wir unser Geld- und Wirtschaftssystem neu denken und so gerecht umbauen, wie ich es im vorherigen Kapitel angedeutet habe. Statt permanentem Wachstum auf Kosten der Natur, das am Ende hauptsächlich den Superreichen nützt, brauchen wir eine nachhaltige Kreislaufwirtschaft und eine gerechte Verteilung der von uns Menschen gemeinschaftlich erwirtschafteten Güter, insbesondere der Lebensmittel.

**Eine Hälfte der Erde für die Natur, die andere für menschliche Siedlungen, eine nachhaltige Wirtschaft und natürliche Landwirtschaft …**

Der Biologe Edward Osborne Wilson (1929–2021), viele Jahre Professor an der Harvard University, stellte 2016 in seinem Buch *Die Hälfte der Erde* ein zukunftsweisendes Konzept vor. Danach ließe sich ein massenhaftes Aussterben von Arten auf unserem Planeten einschließlich unserer eigenen Spezies noch abwenden, indem wir innerhalb der nächsten Jahrzehnte die Hälfte der Landmasse der Erde renaturieren und zu Naturreservaten erklären, in denen die über Millionen von Jahren der Evolution entstandene Biodiversität erhalten werden kann. Die andere Hälfte der Erde stünde für menschliche Siedlungen und eine nachhaltige Wirtschaft und Landwirtschaft zur Verfügung. Zunächst stieß diese Idee auf wenig Resonanz. In den folgenden Jahren lieferte die Forschung dann jedoch immer erschreckendere Daten über den bevorstehenden Zusammenbruch der Ökosysteme überall auf dem Planeten. Schließlich gründeten Wissenschaftler aus der ganzen Welt im Jahr 2019 basierend auf Wilsons Konzept die Initiative »Global Deal für die Natur«. Auch für eine nachhaltige und gerechte Wirtschaft der Zukunft gibt es bereits ausgearbeitete Pläne, wie zum Beispiel den »Global Marshall Plan«. Wer sich immer noch fragt, wo trotz Digitalisierung, Automatisierung und Robotisierung die Jobs der Zukunft entstehen sollen: genau hier.

## Was es wirklich braucht, um zufrieden zu sein

Während meiner Kindheit und Jugend wurde auf unserem kleinen Bauernhof sieben Tage in der Woche gearbeitet. Es gab immer etwas zu tun, doch das wurde nicht als Belastung empfunden und es klagte auch nie jemand über zu viel Arbeit. Unsere Familie lebte im Rhythmus der Jahreszeiten und in der natürlichen Struktur eines jeden Tages, von der Morgendämmerung bis zum Einbruch der Dunkelheit. Jede Form von Arbeit hatte zumindest indirekt mit der Natur zu tun, mit den Pflanzen und ihrem Wachstum, mit den Tieren und mit den Produkten aus der Bewirtschaftung des Landes. Selbst die Maschinen, die mich als Kind bereits faszinierten, besaßen wir nur deshalb, um damit hinaus auf die Felder fahren und dort arbeiten zu können. In der Volksschule hatten viele Kinder ganz ähnliche Elternhäuser wie ich. Wir bildeten eine Gemeinschaft, die sich ohne viele Worte verstand. Als ich in die Stadt auf das Gymnasium kam, war das auf einmal anders. Hier mussten die meisten meiner Altersgenossen zu Hause überhaupt nichts tun, nicht einmal im Haushalt mithelfen. Nach den Hausaufgaben trafen sie sich oft irgendwo in kleinen Gruppen, schlugen die Zeit tot und stellten viel Blödsinn an. Zunächst beneidete ich die Stadtkinder um ihre größere Freiheit. Dann spürte ich irgendwann, dass sie auch nicht zufriedener waren als wir Landkinder.

**Was Zufriedenheit am Ende ausmacht, sind gute Beziehungen zu anderen Menschen, unabhängig von sozialem Status und materiellem Besitz.**

Auf unserem Bauernhof gab es keine freien Nachmittage, doch alle packten gut gelaunt mit an, waren ein starkes Team und konnten die Früchte ihrer Arbeit am Ende mit den eigenen Händen anfassen. Noch etwas war charakteristisch für unsere Familie: Es ging gerecht zu. Während es unter den Kindern und Jugendlichen in der Stadt immer verdeckte Hierarchien und Hackordnungen gab, wurde in unserer Familie keines der vielen Geschwister bevorzugt oder benachteiligt.

Warum erzähle ich diese Geschichte zum Abschluss dieses Kapitels? Für mich ist das mehr als eine schöne Erinnerung, die man verklärt, wenn man älter wird. Vielmehr bin ich davon überzeugt, dass es das Grundbedürfnis eines jeden Menschen ist, verbunden mit der Natur und seinen Mitmenschen eine sinnvolle Aufgabe zu erfüllen und an den Früchten seiner Arbeit gerecht beteiligt zu werden. Was Zufriedenheit am Ende ausmacht, sind viele gute Beziehungen zu anderen Menschen, unabhängig vom sozialen Status und den materiellen Gütern, die jemand besitzt. Im Arbeitsleben muss es sowohl eine Grundsicherung für alle geben als auch die Möglichkeit, sich zu entfalten und vielleicht sogar ein eigenes Unternehmen zu gründen. Arbeit sollte nicht bloß Gelderwerb sein, sondern auch Freude und Erfüllung im gemeinsamen Erschaffen sein dürfen. Ich arbeite heute noch gerne 60 Stunden pro Woche, obwohl ich das längst nicht mehr »müsste«. Was mich antreibt, ist das Miteinander im Team, die Nähe zur Natur sowie die faszinierende Möglichkeit, durch technische Innovationen einen kleinen Beitrag zur weiteren Evolution der Menschheit leisten zu können.

Im Lauf der Jahre ist mir auch immer deutlicher geworden, wie wichtig echte Gesundheit, nicht bloß die Abwesenheit von Krankheit, für ein zufriedenes Leben ist. Eine natürliche Ernährung aus gesunden Böden ist unverzichtbar und die Voraussetzung für eine solche echte Gesundheit, wie ich heute weiß. Sie lässt sich mit Geld allein nicht erkaufen. Noch träumen in unserer Gesellschaft unzählige Menschen davon, sehr viel Geld zu besitzen, nach dem Motto: Wer wird Millionär? Doch um an die Grundlagen der Zufriedenheit zu kommen – Naturnähe, Gemeinschaft, sinnvolles Tun, Gerechtigkeit und Gesundheit –, muss niemand superreich sein. Sehr wahrscheinlich ist zu viel Reichtum sogar hinderlich, denn Superreiche leben oft in einer Blase und geben ihr Geld für immer verrücktere Dinge aus.

**Die Verbundenheit mit der Natur und das gute Leben gilt es neu zu entdecken, statt sich in virtuelle Scheinwelten zu flüchten.**

Auch wenn in den nächsten Jahrzehnten möglicherweise viele Jobs mit der Regeneration der Natur und dem Weg zu einer neuen, nachhaltigen Lebensweise zu tun haben werden, können sicher nicht alle Menschen so naturnah leben und arbeiten wie eine Familie auf einem kleinen Bauernhof. Diejenigen, die auch in Zukunft noch hauptsächlich in Büros oder Industrieanlagen anzutreffen sein werden, haben trotzdem die Chance, sich wieder mehr der Natur zuzuwenden. Schon heute haben viele Berufstätige entdeckt, wie positiv sich regelmäßiges Joggen im Wald oder auch Gartenarbeit auf ihr Wohlbefinden auswirkt. Die Japaner haben sogar das Waldbaden erfunden und es ist bezeichnend, wie viele Stresshormone unser Körper nachweislich bereits innerhalb einer Stunde im Wald abbaut. Noch wichtiger als der Waldspaziergang ist indessen die innere Einstellung zur Natur. Statt uns immer noch weiter von der Natur zu entfremden, indem wir uns jetzt VR-Brillen aufsetzen und stundenlang in von Programmierern erfundene Scheinwelten eintauchen, ist es an der Zeit, die Natur und das gute Leben neu zu entdecken.

Jeremy Rifkin plädiert dafür, unsere angeborene Empathie für unsere Mitmenschen bewusst auf die gesamte Natur und alles Leben auszudehnen. Er spricht dabei von »Biophilie«, der Liebe zu allem Lebendigen, abgeleitet von den altgriechischen Wörtern »bios« für »Leben« und »philia« für Liebe. Geprägt hat diesen Begriff einst der Psychoanalytiker und Sozialpsychologe Erich Fromm. Im Jahr 1964 schrieb er:

> *Die Biophilie ist die leidenschaftliche Liebe zum Leben und allem Lebendigen; sie ist der Wunsch, das Wachstum zu fördern, ob es sich nun um einen Menschen, eine Pflanze, eine Idee oder eine soziale Gruppe handelt.*

Wenn wir dem gemäß leben, dann leben wir im Einklang mit der Natur und der Evolution.

# Epilog: Die Lösung existiert – was jetzt?

In den acht Kapiteln dieses Buchs habe ich gezeigt, wie Bodengesundheit entscheidend dazu beitragen kann, das Klima zu retten, Hunger und Mangelernährung zu beenden und endlich Gesundheit, Zufriedenheit und Gerechtigkeit für alle Menschen auf dieser Erde zu ermöglichen. Mehr als einmal habe ich darauf hingewiesen, dass uns nur noch wenig Zeit bleibt, nicht allein die Landwirtschaft, sondern überhaupt unsere globale Wirtschaft mehr in Einklang mit der Natur und ihren Gesetzen zu bringen. Gleichzeitig sollte deutlich geworden sein, dass es überall auf der Welt bereits erste Ansätze zur Umsetzung der Lösung gibt. Dazu gehören auch neue Technologien, die nicht länger gegen die Natur, sondern mit ihr arbeiten.

Zum Schluss stellt sich mir persönlich die drängende Frage: Was jetzt? Wir brauchen ein großes Update sowohl der Ökonomie als auch der Demokratie, damit sich eine regenerative und letztlich natürliche Lebensweise, wie sie sich gerade in ersten Ansätzen zeigt, auch tatsächlich durchsetzt. Ist diese Erwartung realistisch? Wenn wir auf den aktuellen Zustand der Welt schauen, kann es den Anschein haben, als fahre der Zug gerade in die genau entgegengesetzte Richtung. Plutokraten und Autokraten scheinen fest im Sattel zu sitzen und durch nichts in ihrer Macht gefährdet zu sein. Immer mehr Menschen im Westen fühlen sich abgehängt und benachteiligt. Sie wählen rechte und populistische Parteien, deren Anführer mit der Faust auf den Tisch hauen, sich aber nicht mal die Mühe machen, konkrete Lösungen zu erarbeiten. So wird alles nur noch schlimmer. Auch Kriege sind wieder möglich und niemand scheint die Kriegstreiber stoppen zu können.

Doch wir sollten uns von den aktuellen Turbulenzen nicht entmutigen lassen. Die Macht der Autokraten und Plutokraten ist auf Sand gebaut. Sie hängt von endlichen fossilen Rohstoffen ebenso ab wie von mangelnder Bildung und Falschinformation der Bevölkerung. So lässt sich nicht endlos weitermachen. Ressourcen gehen zuneige und neues Wissen verbreitet sich rasant, besonders bei der jungen Generation. Zu Veränderungen kommt es irgendwann zwangsläufig. Wir haben es allerdings bis jetzt noch in der Hand, ob der Wandel friedlich und geordnet auf der Grundlage neuer Ideen und Konzepte abläuft – oder chaotisch und gewalttätig mit enormen Verlusten an Menschenleben und einer weiteren Zerstörung der restlichen, noch einigermaßen intakten Natur.

Ich appelliere deshalb an alle Leserinnen und Leser dieses Buchs, sich für einen friedlichen und demokratischen Wandel einzusetzen. Unsere Parteien werden die Probleme nicht für uns lösen. Nicht von ungefähr stürzen die Volksparteien in Deutschland in der Gunst der Wähler ab. Sie haben für die Mittelschicht als Stütze der Gesellschaft ihre Glaubwürdigkeit verloren. Helmut Kohls Spendenaffäre und Gerhard Schröders Verflechtung mit Putins Russland waren nur die Spitze des Eisbergs. Die Klimaabkommen sind inzwischen längst unterzeichnet und doch passiert viel zu wenig. Wir können jetzt auf unsere Volksvertreter nicht länger warten. Stattdessen ist die Zeit für alle gekommen, sich zu engagieren! Dazu müssen wir weder eine Revolution anzetteln noch bei null anfangen, denn es existieren bereits zahlreiche Initiativen für die Rettung des Klimas, eine gerechtere Weltwirtschaft und mehr Demokratie.

Karl-Martin Hentschel spricht von einer »Regenbogen-Koalition«, die es für eine mutige Neugestaltung der Welt jetzt braucht: Demokratiebewegung, Klimaschutzbewegung, Friedensbewegung, Fair-Trade-Bewegung und so weiter sollten an einem Strang ziehen. Gleichzeitig dürfen sie sich nicht in ihren gewohnten ideologischen Lagern verschanzen. Es gilt nun auch, alte Vorurteile und Feindseligkeiten zu überwinden, damit ein möglichst breites Bündnis aus der Mitte der Gesellschaft sich für ein gerechtes Morgen mit intakter Natur und gesunder Nahrung für alle einsetzt.

»Nichts auf der Welt ist so mächtig wie eine Idee, deren Zeit gekommen ist«, sagte der französische Schriftsteller Victor Hugo schon im 19. Jahrhundert. Die Zeit der Regeneration der Erde ist jetzt da. Wir können es schaffen, wenn alle ihren Beitrag leisten!

Wer mitmachen und etwas bewegen möchte und dazu Ideen hat, kann mir auch gerne schreiben:

klemens@kalverkamp.de

# Literatur und Quellen

## Bücher

Josh Tickell: »Kiss the Ground. How the Food You Eat Can Reverse Climate Change, Heal Your Body & Ultimately Save the World«. Enliven Books, an imprint of Simon & Schuster, 2017. (Dieses Buch wurde in einer Netflix-Dokumentation verfilmt, die ebenfalls den Titel »Kiss the Ground« trägt. Dieser Film ist bei Netflix in Deutschland im Original mit deutschen Untertiteln abrufbar. Als Quelle für Fakten und Zitate in mehreren Kapiteln des vorliegenden Buchs dienten sowohl der Film als auch die Buchvorlage.)

David R. Montgomery und Anne Biklé: »What Your Food Ate. How to Heal Our Land and Reclaim Our Health.« W. W. Norton & Company, 2022.

Gabe Brown: »Dirt to Soil. One Family's Journey into Regenerative Agriculture«. Chelsea Green Publishing, 2018 (Deutsche Ausgabe: »Aus toten Böden wird fruchtbare Erde. Eine Familie entdeckt die regenerative Landwirtschaft.« Kopp Verlag, 2020)

Michael Moss: »Salt Sugar Fat. How the Food Giants Hooked Us«. Random House, 2013 (Deutsche Ausgabe: »Das Salz-Zucker-Fett-Komplott. Wie die Lebensmittelkonzerne uns süchtig machen«. Ludwig Buchverlag, 2014)

Chris van Tulleken: »Ultra-Processed People. Why Do We All Eat Stuff That Isn't Food … and Why Can't We Stop?«. Cornerstone Press, 2023 (Deutsche Ausgabe: »Gefährlich lecker. Wie uns die Lebensmittelindustrie manipuliert, damit wir all die ungesunden Dinge essen – und nicht mehr damit aufhören können«. Heyne, 2023)

Tom Brady: »The TB12 Method. How to Achieve a Lifetime of Sustained Peak Performance«. Simon & Schuster, 2017 (Deutsche Ausgabe: »Die TB12-Methode: Der Schlüssel zu lebenslanger Fitness und Leistungsfähigkeit. Mit vielen Übungen für Kraft, Mobilität und Flexibilität, Ernährungsprogramm, Rezepten und persönlichen Anekdoten«. Riva, 2018)

Jeremy Rifkin: »The Empathic Civilization. The Race to Global Consciousness in a Word in Crisis«. Tarcher Penguin, 2009 (Deutsche Ausgabe: »Die empathische Zivilisation. Wege zu einem globalen Bewusstsein«. Campus, 2010)

Jeremy Rifkin: »The Green New Deal. Why the Fossil Fuel Civilization Will Collapse by 2028, and the Bold Economic Plan to Save Life on Earth«. St. Martin's Press, 2019 (Deutsche Ausgabe: »Der globale Green New Deal: Warum die fossil befeuerte Zivilisation um 2028 kollabiert – und ein kühner ökonomischer Plan das Leben auf der Erde retten kann«. Campus, 2019)

Jeremy Rifkin: »The Age of Resilience: Reimagining Existence on a Rewilding Earth.« St. Martin's Press, 2022 (Deutsche Ausgabe: »Das Zeitalter der Resilienz. Leben neu denken auf einer wilden Erde.« Campus, 2022)

Yuval Noah Harari: »Eine kurze Geschichte der Menschheit«. Deutsche Verlags-Anstalt, 2013 (Israelische Originalausgabe 2011 bei Kinneret Zmora-Bitan)

Ray Kurzweil: »The Singularity Is Near. When Humans Transcend Biology«. Penguin, 2005 (Deutsche Ausgabe: »Menschheit 2.0. Die Singularität naht«. Lola Books, 2013)

Klemens Klaverkamp: »Das Management der Marktführer von morgen. Acht Erfolgsprinzipen im Zeitalter des Miteinander«. Wiley, 2013

Harald Trabold: »Kapital. Macht. Politik. Die Zerstörung der Demokratie«. Tectum Wissenschaftsverlag, 2014

Bruno S. Frey und Oliver Zimmer: »Mehr Demokratie wagen. Für eine Teilhabe aller«. Aufbau Verlag, 2023

Friedrich von Borries: »Weltentwerfen. Eine politische Designtheorie«. Suhrkamp, 2016

Karl-Martin Hentschel: »Demokratie für morgen. Roadmap zur Rettung der Welt.« UVK, 2018

Guido Mingels: »Früher war alles schlechter. Warum es uns trotz Kriegen, Krankheiten und Katastrophen immer besser geht.« Deutsche Verlags-Anstalt, 2017

## Studien/Wissenschaftliche Beiträge

Torsten Kurth, Benjamin Subei, Paul Plötner, Felicitas Bünger, Max Havermeier und Simon Krämer: »Der Weg zu regenerativer Landwirtschaft in Deutschland – und darüber hinaus«. Gemeinsame Studie von Boston Consulting Group (BCG) und Naturschutzbund Deutschland (NABU), März 2023

David R. Montgomery, Anne Biklé, Ray Archuleta, Paul Brown und Jazmin Jordan: »Soil health and nutrient density: preliminary comparison of regenerative and conventional farming«. PeerJ, 27. Januar 2022

Christian Arnold: »Potentialanalyse des Pflanzenproduktionssystems NEXAT unter besonderer Berücksichtigung aktueller pflanzenbaulicher Herausforderungen und möglicher Anpassungsstrategien«. Masterarbeit im wissenschaftlichen Studiengang Agrarwissenschaften an der Universität Hohenheim, Fakultät für Agrarwissenschaften, Juli 2023

Tobias Maria Günter und Markus Goller: »Retail-Studie 2023: Deutsche kaufen ohne nachhaltiges Sortiment weniger«. Simon Kucher & Partners, 7. November 2023

Steffen Noleppa und Matti Cartsburg: »Das große Wegschmeißen. Vom Acker bis zum Verbraucher: Ausmaß und Umwelteffekte der Lebensmittelverschwendung in Deutschland«. WWF Deutschland, Juni 2015

## Online-Quellen

Statistische Daten zu Landwirtschaft und Klima: Statista (https://de.statista.com), Statistisches Bundesamt (https://www.destatis.de), Landwirtschaftsministerium der Vereinigten Staaten (https://www.usda.gov)

Fakten zur Biolandwirtschaft in Deutschland: Informationsportal der Bundesanstalt für Landwirtschaft und Ernährung (https://www.oekolandbau.de)

Liquid Carbon Passway: Klaus Strotmann, »Was bedeutet eigentlich Liquid Carbon Passway?« Agrar heute Digitalmagazin, 25.

August 2021. (Abrufbar unter: https://www.digitalmagazin.de/marken/agrarheute/magazin/agrarheute-magazin-2021-09/)

Zitat von US-Präsident F. D. Roosevelt zur Dust Bowl: Franklin D. Roosevelt Presidential Library and Museum (Abrufbar unter: https://fdr.blogs.archives.gov/2018/06/20/fdr-and-the-dust-bowl/)

Arzneimittelkosten: Christian Hagist, »Kostenexplosion im Gesundheitssystem. Warum die Ausgaben für Arzneimittel in Deutschland langfristig drastisch steigen werden.« WHU Otto Beisheim School of Management, 30. Mai 2023. (Abrufbar unter: https://www.whu.edu/de/news-insights/whu-knowledge/artikel/kostenexplosion-im-gesundheitssystem/)

Gerd Truntschka: Focus Online Redaktion, »Der lange Weg zur Idealkost. Eishockey-Legende Gerd Truntschka entwickelte als aktiver Sportler eine Vision, aus der LaVita wurde«. Focus Online, 02.07.2020. (Abrufbar unter https://www.focus.de/gesundheit/ernaehrung/focus-der-lange-weg-zur-idealkost-eishockey-legende-truntschka-lavita_id_10100911.html)

Geschichte der GemüseAckerdemie: Website des Anbieters. (Abrufbar unter https://www.acker.co/gemueseackerdemie)

Vergleich Hirse und Quinoa: Ecodemy-Redaktion, »Heimische Superfoods statt Exoten – Hirse statt Quinoa«. Ecodemy Magazin, 09.06.2018. (Abrufbar unter https://ecodemy.de/magazin/quinoa-kohlenhydrate/)

McDonald's und McCain: McCain Corporate Website Info Centre, »McDonald's Canada and McCain Foods partner to launch the $1M Future of Potato Farming Fund to help improve soil health through regenerative farming practices«, 10. August 2022. (Abrufbar unter: https://www.mccain.com/information-centre/news/canada-farming-fund/)

Larry Fink, Blackrock, »Letter to CEOs« 2022: »The Power of Capitalism«. (Abrufbar unter https://www.blackrock.com/sg/en/2022-larry-fink-ceo-letter)

Rede von Walmart-CEO Doug McMillan auf der CES Las Vegas 2020: »2020 Regeneration Speech«. (Transkript abrufbar unter https://corporate.walmart.com/content/dam/corporate/documents/

policies/rtp-2020-regeneration-speech-dm-milestone-summit-transcript-1.pdf)

Zitat General André Bodemann: Timo Kather, »Es geht um den Schutz und die Sicherheit Deutschlands«, Aktuelle Meldungen der Bundeswehr, 27.10.2023. (Abrufbar unter https://www.bundeswehr.de/de/aktuelles/meldungen/nachgefragt-schutz-sicherheit-deutschlands-5694358)

Narzissmus und Politik: Hans-Jürgen Wirth, »Macht, Narzissmus und die Sehnsucht nach dem Führer«, Aus Politik und Zeitgeschichte, 03/2007. (Online abrufbar unter https://www.bpb.de/shop/zeitschriften/apuz/30600/macht-narzissmus-und-die-sehnsucht-nach-dem-fuehrer/)

# Der Autor

Dipl.-Ing. Klemens Kalverkamp ist Unternehmer in der Landtechnik, Erfinder und Visionär. Seit 2017 ist er Founder und Geschäftsführer des von ihm und seinem Sohn Felix gegründeten Landtechnik-Unternehmens NEXAT. Dieses bietet das weltweit erste und bisher einzige ganzheitliche Pflanzenproduktionssystem an. Landtechnik begleitet den Diplom-Ingenieur bereits seit seiner Kindheit und Jugend im südlichen Münsterland, wo seine Eltern einen kleinen Bauernhof und ein landwirtschaftliches Lohnunternehmen betrieben. Ab dem zwölften Lebensjahr bediente und reparierte er bereits die verschiedensten Landmaschinen. Nach dem Studium des Landmaschinenbaus ging er in die Landmaschinenindustrie. Dort war er zunächst Entwickler, dann Entwicklungschef und später Geschäftsführer bei weltmarktführenden Landmaschinenherstellern. Beruflich bereiste er regelmäßig sämtliche Kontinente und interessierte sich dabei nicht allein für landwirtschaftliche, sondern auch für soziale, ökologische und politische Gegebenheiten.

In den 2000er-Jahren entwickelte der damalige Topmanager ein innovatives Management-System, bei dem Menschlichkeit, Empathie und authentische Kommunikation in den Mittelpunkt rückten. Dazu veröffentlichte er bei Wiley zwei viel beachtete Bücher. Im Jahr 2016 gründete der überzeugte Humanist und Demokrat eine politische Initiative für die Bewahrung unserer Demokratie und gegen Plutokratie, Korruption und das Vordringen rechten Gedankenguts. Seit der zweiten Hälfte der 2010er-Jahre beschäftigt sich Klemens Kalverkamp intensiv mit dem Thema nachhaltige und zukunftsfähige Landwirtschaft. Er besuchte dazu weltweit Vorreiter und kam mit ihnen in den Dialog. Dabei sah er ein, dass auch er alte Glaubenssätze loslassen musste. Heute liegt ihm nichts mehr am Herzen als die nachfolgenden Generationen und die Zukunft unseres Planeten. Mit seinem Wissen und seiner jahrzehntelangen weltweiten Erfahrung möchte er einen Beitrag zu einer ökologischen und gesellschaftlichen Zeitenwende leisten.

# Stichwortverzeichnis

www.ingramcontent.com/pod-product-compliance
Lightning Source LLC
LaVergne TN
LVHW010036160826
845671LV00003B/146

* 9 7 8 3 5 2 7 5 1 2 1 7 1 *